畜禽养殖水资源节约集约
高效利用技术

杨景晁　武蕾蕾　王文文　等　著

中国农业科学技术出版社

图书在版编目（CIP）数据

畜禽养殖水资源节约集约高效利用技术 / 杨景晁等著. --北京：中国农业科学技术出版社，2025.5. -- ISBN 978-7-5116-7378-7

Ⅰ．S815

中国国家版本馆 CIP 数据核字第 2025814G2Y 号

责任编辑	金　迪
责任校对	王　彦
责任印制	姜义伟　王思文

出 版 者	中国农业科学技术出版社
	北京市中关村南大街 12 号　邮编：100081
电　　话	（010）82106625（编辑室）　（010）82106624（发行部）
	（010）82109709（读者服务部）
网　　址	https://castp.caas.cn
经 销 者	各地新华书店
印 刷 者	中煤（北京）印务有限公司
开　　本	170 mm×240 mm　1/16
印　　张	6.25
字　　数	110 千字
版　　次	2025 年 5 月第 1 版　2025 年 5 月第 1 次印刷
定　　价	58.00 元

◆◆◆版权所有·侵权必究◆◆◆

《畜禽养殖水资源节约集约高效利用技术》

著者名单

主 著：杨景晁　武蕾蕾　王文文

参 著：战汪涛　李显耀　周开锋　张德敏　陶家树
　　　　张　燕　胡洪杰　李福伟　朱　峰　刘育含
　　　　刘　栋　孙秀雯　郑继业　韩青海　张黎鑫
　　　　郝小静　宋云龙　李　强　王海清　焦洪超
　　　　张志美　刘　刚　张　敏　孟成明　齐　超
　　　　张相奎　刘　玮　韩海霞　周　青　张思聪
　　　　杨　帆　吴　杰　冯鑫磊　姚中磊　李玉晨

前　言

畜禽养殖生产离不开水，养殖用水涉及畜禽饮水、圈舍及设施设备冲洗、消毒、降温、水线维护、水循环利用等多个环节，提升畜禽养殖场用水效率，不仅关系到水资源节约利用和生产成本，也关系到畜禽污染防治压力。党的十八大以来，各地区各部门深入贯彻习近平生态文明思想，大力推进节水工作，用水效率不断提升，节水型社会建设取得显著成效。但是我国水资源短缺形势依然严峻，水资源供需矛盾依然突出。城镇、工业、农业、养殖业等重点领域水资源集约节约利用水平依然偏低。2021年10月中共中央、国务院印发的《黄河流域生态保护和高质量发展规划纲要》，2022年9月国务院印发的《关于支持山东深化新旧动能转换 推动绿色低碳高质量发展的意见》，2023年1月山东省委、省政府印发的《山东省建设绿色低碳高质量发展先行区三年行动计划（2023—2025年）》等重大政策文件，均对节水生产、构建节水型生产体系等做了专门阐述，并将其作为绿色低碳发展模式的重要组成，发展节水型畜禽养殖是践行畜牧业绿色、低碳发展的重要支撑。

山东省是全国畜牧业大省，肉蛋奶总产量连续多年居全国首位，畜产品除满足省内供给需求外，还大量外调其他省份，并部分出口创汇，为保障国家菜篮子供给作出了重要贡献。但庞大的畜禽养殖规模，耗水量巨大，实施畜禽节水养殖、推动养殖用水集约高效利用更加紧迫，意义更大。基于这种背景，2022年5月，在山东省畜牧兽医局指导支持下，山东省畜牧总站牵头成立《畜禽养殖水资源节约集约高效利用技术》研究课题组，课题组邀请了山东农业大学、山东省农业科学院专家以及省内部分市、县畜牧技术推广部门和龙头企业生产管理技术人员加入，课题组历时13个月，开展了畜禽养殖场水资源节约集约高效利用技术专题研究，调研养殖企业80余场次，集中研讨交流5次，形成了覆盖原水处理、畜禽饮水、棚舍冲洗、环控降温、粪便清理、生物安全消杀、水线维护、中水回用、强化细节管理等节水养殖生产技术和措施，对指导养殖从业者开展节水养殖、提高水资源利用效率有重要的现实意义。

在本课题研究和书稿撰写过程中，山东省畜牧兽医局畜牧与畜禽废物利用处、畜产品质量安全监管处、规划财务处等处室，全省16个地级市畜牧部门，以及山东凤祥股份有限公司、山东省鼎立农牧科技股份有限公司、新泰市天信农牧发展有限公司、高密六和种鸭养殖公司、山东中新食品集团有限公司、山东和康源生物育种股份有限公司、山东曹县牧原农牧有限公司等企业给予了大力支持，在此一并致谢。

著　者

2025年3月

目 录

第一部分　概　述 ·· 1
 一、畜禽饮水环节节水 ·· 2
 二、清粪与冲洗消毒节水 ·· 4
 三、夏季降温环节节水 ·· 5
 四、水线管理维护节水 ·· 6
 五、中水循环利用节水 ·· 7
 六、精细化管理节水 ··· 8

第二部分　集约化养鸡节水措施 ···························· 9
 一、商品肉鸡养殖节水措施 ···································· 10
 二、肉种鸡养殖节水措施 ·· 11
 三、蛋鸡养殖节水措施 ·· 21

第三部分　水禽养殖节水措施 ································· 25
 一、商品肉鸭养殖节水措施 ···································· 26
 二、种鸭养殖节水措施 ·· 45
 三、鹅养殖节水措施 ··· 50

第四部分　生猪养殖节水措施 …… 53

一、种猪场节水措施 …… 54
二、育肥猪场节水措施 …… 59
三、母猪+育肥猪一体化猪场节水措施 …… 66

第五部分　牛养殖节水措施 …… 73

一、奶牛养殖节水措施 …… 74
二、肉牛养殖节水措施 …… 82

第六部分　问题与建议 …… 87

一、存在的问题 …… 88
二、措施与建议 …… 89

第一部分

概 述

畜禽养殖节水是一项系统工程，它将建筑设计、设施装备、技术工艺、精细化管理等融合在一起，覆盖畜禽养殖生产各个环节，涉及工程节水、工艺节水、管理节水等维度，包含了鸡场、鸭场、猪场、牛场等畜种场的节水生产。从养殖节水技术管控关键环节看，分六个方面。

一、畜禽饮水环节节水

畜禽饮水量普遍是饲料摄入量的2倍左右，夏季往往更多，饮水环节的节水至关重要，本环节的节水应该从原水处理和畜禽饮水系统升级入手。一方面原水净化能起到节水效果。畜禽养殖场原水来源一般有自来水、地下水、深井水三个渠道。从原水抽取到进入畜禽舍饮水线之前是控制节水的第一个环节，采取一定净水措施可利于节水，如枣庄星瑞生态农牧发展有限公司（猪场），公司原水抽取后首先进入储水池，进行沉淀、净化，然后进入水塔，在水塔进水端安装过滤器，清除细沙、藻类等杂质，避免杂质大量沉积导致的饮水线路及饮水器堵塞及密封不严等引起的滴漏等问题，而且可有效减少水线冲洗的频率和用水量。另一方面升级饮水系统能有效节水。这是养殖节水的关键一环。不同畜种，由于身体结构、生物学习性和生理特性不同，规模化集约化养殖中会采取截然不同的饮水系统，如禽类饮水系统终端基本采取乳头式，生猪、牛羊采取碗式、槽式，饮水量也存在较大差异。在肉鸭养殖上，益客集团鲁中养殖发展中心2014年前采用上网下床普拉松饮水器模式，鸭用水约0.57 kg/（只·d），2014年以后采用封闭式水线、乳头饮水器模式，用水量约0.45 kg/（只·d），3万只养殖规模、单批次可节约用水136.76 t，全年7批次可节约用水957.32 t。在肉鸡养殖上，海阳市鼎立种鸡通过水线改造升级，饮水乳头由原来的普通乳头更换为普拉松乳头，通过压力阀控制水位高低，避免因压力过高或过低造成浪费水或缺水现象，能有效控制滴水现象，在保证日单只必需饮水量情况下，可降低28.8%左右的浪费，同时考虑到多层立体养殖鸡舍笼层高度差，通过在供水线路底端安装减压阀，控制鸡舍供水稳定，避免了压力过高造成的跑水现象。在鹅养殖上，青岛鑫河畜禽良种繁育场在2021年以前采用传统饮水模式——PPC水管+低压长流水模式（水龙头长期低压开放），2021年后采用水位压力计加单个饮水碗模式，鹅年用水从1.825 t/只，下降到0.219 t/只，减少用水量88%。在生猪养殖上，温氏股份山东养猪公司，采用新型限位式饮水器（主要包括不锈钢管、饮水碗和控制阀），饮水器控制阀可自动控制水位，保持水槽内水位维持在标准水平，供猪只适时饮用，比常用的鸭嘴式饮水器减少1/3的用水量，平均每头猪每天减少用水7 kg，5 000头规模猪场每天减少用水35 t。在奶牛养殖上，青岛博宇牧业有限公司采用自控式奶牛饮水槽，根据奶牛饮水需要量自动控制水槽水位，在保证奶牛充足饮水的同时，有效减少水浪费；另外，饮水槽的升级同时减少了水槽清洗频率，由每天清洗一次，改为两天清洗一次，用水量减半，每个水槽减少清洗用水90 kg，牛场120个水槽，年节水1 971 t。在肉牛养殖上，临沂盛隆畜牧养殖有限公司2021年采用卧式饮水槽，自动蓄水，可减少饮水器渗漏、溢水及肉牛戏水、饮水时嘴角漏水造成的水浪费现象，并能根据牛群日龄调节出水量，每头牛日均用水量由30 kg降至25 kg，全年出栏3 000头，可节约5 000余t。此外，优化供水模式有利于节水。从饮水规律看，畜禽饮水频率、饮水量不是均衡的，与季节有关系，每天也有饮水高峰和低谷，根据饲养动物的饮水规律，分时间段合理、适时地限水，有利于节水。海阳市鼎立种鸡有限责任公司根据季节、气温、鸡嗉囊软硬情况适当限水，不仅对鸡生产性能没有影响，还减少了饮水量（日单只饮水量降低13.5%），并降低了粪便含水率，减轻了污水处理负荷。

二、清粪与冲洗消毒节水

清理粪便是畜禽养殖生产管理的重要环节，不同清粪方式和工艺的耗水量差别很大；消毒是畜禽养殖场维护生物安全的重要方式，圈舍与设备冲洗、卫生清洁又是消毒的前提。因此，清粪、圈舍与设备冲洗及消毒几个环节是紧密结合在一起的，均是节水控水的重要环节。肉鸭养殖上，菏泽众客金润食品有限公司大埝未来农场之前采用肉鸭网上养殖或地面平养，空栏期间粪便清理基本采取水冲式，每批次每栋鸭粪及棚舍冲洗用水300 t以上，后来采用全封闭立体养殖模式，粪便清理采用全自动粪带清粪系统，空栏期鸭舍采用高压冲洗，每栋用水量降至80 t，每栋每批节约用水220 t。益客集团鲁中养殖中心改善消毒冲舍方式，由之前的两次水冲清理清扫（第一次低压冲棚耗水约40 t、第二次低压冲洗耗水约35 t，合计耗水75 t）改为一次水冲消毒（高压冲棚，耗水约25 t）、一次弥雾消毒（弥雾消毒，耗水约0.1 t），合计用水25.1 t，单批次节约用水49.9 t，年节约用水11.64 kg/只。在孵化环节用水方面，高密六和种鸭公司对孵化场冲洗设备进行升级改造，由原来的低压、人工冲洗升级到全自动、高压冲洗，年产5 000万只鸭苗孵化场用水量从43 200 t/年，下降到23 400 t/年，下降45.8%。肉鸡养殖上，山东凤祥肉鸡养殖场，空舍期冲洗由"水冲"改为"气吹"，再进行泡沫润泡，采用高压冲洗，可减少清洁用水；所有棚架设备全部浸泡预湿后再进行高压冲洗，年节省用水90万t，实现商品肉鸡节水7.5 kg/只。在生猪养殖上，菏泽新好农牧有限公司猪舍采用全漏封地板，粪便直接漏入网底，采用地下刮粪设备，过程零冲洗，可节省冲洗清理用水，以每个舍每月进行4次水线冲洗为例，全场每月节约清洗用水500 t左右。在奶牛养殖上，青岛博宇牧业有限公司之前采用水冲粪，每天清粪2次，每次每头牛大约用水1 L，1万头牛，每天用水20 t，年消耗水7 300 t，从2021年夏季开始，改进清粪工艺，水冲粪改为干清粪，用水量减少7 300 t。泰安金兰奶牛养殖有限公司，对孕产期奶牛养殖采用发酵卧床技术，只需每天机械翻动卧床垫料，节约用水85%以上。在肉牛养殖上，临沂盛隆畜牧养殖有限公司改水冲粪和水泡粪工艺为干清粪工艺，同时配备高压水枪用于冲洗栏舍，每栋每批节约用水量500 t，每头牛节水12 t。

三、夏季降温环节节水

降温是畜禽养殖场环境控制的重要环节，是创造畜禽适宜生长环境的重要措施，养殖场通常采用水帘、喷淋、喷雾等实现降温，这些措施都依赖水的作用，因此，降温也是养殖场节水控水的重要环节。一是湿帘降温节水。家禽、生猪等封闭式畜禽舍一般采用湿帘降温，湿帘主要靠水的蒸发作用对入舍空气吸热降温，水帘用水的温度对降温效果影响不大，研究证明夏季水帘用水水温在20~25℃，降温效果最好，使用常温循环水即可。所以，水帘降温节水，首先要改变一过性冷水降温效果更好的观念，确保湿帘用水循环使用（湿帘多余水量经过回收管道流入储水池继续使用），能实现节约用水，同时要对湿帘供水池做好防水处理和维护，避免水渗漏造成浪费。其次，采用智能化环控器，精确控制水帘上水，在实现精准控温的同时，可有效减少水的浪费，通过精准控水和水循环利用，山东益生鸡场实现节约用水1.02 kg/（只·d），山东凤祥肉鸡养殖场实现商品肉鸡节水0.21 kg/只。最后，要做好水帘的清理和清洗，有利于节水，水帘表面清洁程度关系到水帘的透气性以及蒸发降温效率，如果水帘降温效果不好，势必会增加水用量。要定期对水帘进行清理，及时清理透气孔内杂物，必要时，湿帘外端用纱网覆盖，防止杨絮、飘尘等在水帘上沉积和附着。二是喷淋降温节水。喷淋降温法主要用于奶牛场、肉牛场等开放式棚舍的夏季降温，牧源公司的猪舍（封闭式）也采用喷淋降温方式，喷淋节水的关键在于喷淋的精准、精细、高效。青岛博宇牧业有限公司改过去牛舍夏季喷淋系统持续喷淋为间歇式喷淋，即喷淋1 min，然后风吹5 min，年节水3万t；青岛浩德瑞牧业有限公司设定牛舍内温度达到22℃时，自动开启喷淋设备，将原来每间隔5 min喷淋时长1 min，调整为一天5次集中喷淋，每次半小时，每天节水100余t。泰安金兰奶牛养殖有限公司采用智能识别系统，将每个喷淋头加装安全电压电磁阀（默认关闭），通过感应系统感知对应喷淋头下有无奶牛，如果有奶牛在喷淋位置采食或者休息，且周边环境温度高于设定温度，则电子阀变为打开状态，喷淋设备开始通水作业，按照设置参数对奶牛降温，这种模式实现了喷淋降温的精准管理，达到了节水降耗目的，避免了过去温度高时给牛棚启动喷淋，但喷头下无牛造成水资源浪费的问题。

四、水线管理维护节水

家禽养殖场（蛋鸡、肉鸡、肉鸭）采用封闭式管线给禽只供水，同时给家禽投药、饮水免疫、添加抗应激产品等往往通过水线来实现，水线内侧管壁容易滋生生物膜，这为病原微生物的滋生、传播创造了条件，影响着鸡只饮水安全和养殖健康，而且易造成乳头的堵塞和密封不严、漏水等问题，因此水线需要及时维护，其中清洗、消毒是重要方式，既保障饮水安全，也对节水控水有效。肉鸭养殖上，益客集团鲁中养殖发展中心改善水线清洗消毒方式，由水冲式清洗改为水线浸泡清洗消毒，实现大幅节水，之前单栋舍18条水线清洗耗水约9 t/次，2019年后采用无压浸泡式清洗消毒方式，节水7.2 t/次。在肉鸡养殖上，山东民和牧业股份有限公司升级水线冲洗消毒方式，由直冲式清洗升级为水线浸泡与高压脉冲式冲洗消毒模式，每条水线每次冲洗可节约用水60%～80%。海阳市鼎立种鸡有限责任公司升级水线自洁系统,在每栋鸡舍主管路上加装爱水宝(消毒净水用品),对水线随时随地进行消毒,由原来的每日一次常压水线冲洗升级为每周一次臭氧+脉冲冲洗,减少单次冲洗时间,提高冲洗质量,每栋舍(12 000只饲养量)每周可节省用水8 t左右。

五、中水循环利用节水

除了各个生产环节的直接节水、省水外,优化生产流程设计,实现畜禽养殖场水资源在多环节的循环利用或资源化利用也是一种节水方式。广大畜禽养殖从业者在实践中探索了多种水资源循环利用和资源化利用方式。一是养殖场内水的多环节循环利用节水。青岛浩德瑞牧业有限公司粪污通过固液分离后,液体经三级沉淀、厌氧发酵、有氧发酵等方法处理后形成中水,利用中水冲洗挤奶厅地面,有效减少清洁水冲洗用量;回流水进入粪沟将奶牛粪便冲入集粪池,再次进行固液分离,循环利用,将水的利用率达到最大化,每天可节水约12 t。高密六和孵化场在种蛋清洗环节采用中水二次回收工艺,清洗水经过过滤、加药,再次用于种蛋清洗,减少用水量,可实现节水30%以上。益生公司收集鸡舍冲洗水,采用三级沉降过滤技术对污水净化,再用于鸡舍前期冲刷,实现了循环利用节水。二是废水、污水资源化利用节水。泰安金兰奶牛养殖有限公司改进饮水槽设计,将每次洗刷饮水槽废水全部收集起来,用于养殖棚隔离带的绿化苗木浇灌,达到节水目的,实现了饮水槽清洗水再回收利用,同时降低污水处理总量。山东民和牧业股份有限公司升级污水处理方式,鸡场污水经SBR工艺处理后,达到还田灌溉或循环利用水平,每年节水约9万t。临沂鸿盛丰源养殖有限公司采用现代化压滤设备,鸭粪干湿分离,液体部分采用M-SBR污水处理系统处理后用于灌溉还田,25万只规模约替代灌溉用水450 t/批,3 150 t/年。

菏泽宏兴原种猪繁育有限公司实施农牧结合，流转8 500亩①土地，将沼液管网与农田灌溉管网贯通，猪场采取水泡粪模式，粪污收集后厌氧发酵生产沼气，沼液用于农田灌溉，替代化肥，公司正常年出栏生猪8万头，全年可节水12万t。

六、精细化管理节水

畜禽场用水贯穿于养殖生产的各个环节，涉及面广，因此，在日常生产管理中要关注细节，实施精细化管理，减少"跑、冒、滴、漏"现象发生，达到节水目的。在现代畜禽规模化集约化养殖模式下，饲养品种一致、生长环境一致、营养供给一致，同一批次畜禽群体均匀度较为整齐、生长速度基本一致，因此，正常情况下在一定的生长发育阶段畜禽单只（头）的饮水量、水料比较稳定。在饲养过程中要通过日常巡检、查看生产数据来分析饲养畜禽的饮水量是否合理，超出正常饮水量或正常水料比范畴的，应及时查找原因，采取相应措施，可避免因供水设施设备损坏或其他因素造成的水资源浪费问题。例如，鸡在常温下水料比为（1.6~2）∶1，超出正常水料比范围意味着供水系统或管理、环控存在问题，如果环控不到位、鸡舍温度升高，鸡只饮水量会上升，水线漏水、水线损坏等也会造成水料比数据上的异常。场区内消防管道、消防设备、冲洗设备、消毒设备等都要定期维护保养，以提高水的有效利用率。在精细化管理节水方面，海阳鼎立种鸡有限公司是行业典范，公司和科研院所结合开发应用鼎立智慧养殖大数据平台，鸡舍所有数据在平台上实时更新，实现对每栋鸡舍的饮水量和水压的实时监控，对于有异常的鸡舍能及时告警，以便生产管理人员及时采取措施，防止跑水或供水不足等问题。

---

① 1亩约为667 m²，全书同。

第二部分

集约化养鸡节水措施

一、商品肉鸡养殖节水措施

（一）山东凤祥肉鸡养殖场

传统养殖业耗水量大、废水利用率低，近年来凤祥肉鸡养殖场在环境保护和资源合理利用方面，一直长期不懈努力，积极探索如何在养殖过程中节约用水、降低废水的产生，在振兴乡村经济的同时保护好当地环境。该公司的具体技术措施与成效如下。

1. 水帘降温工艺升级

最初的方式，水帘上水后余水全部通过下水道流出，未再进行循环利用，即一次性过水利用。

2000年以后逐步改为定时器控制，后转变为AC2000控制，水帘泵上水控制更精确，且余水全部回流进入回水装置，进行循环利用，公司80多个规模场，年出栏1.2亿只鸡，水帘降温工艺升级后年节省用水2.5万t，实现商品肉鸡节水0.21 kg/只。

2. 鸡舍冲洗工艺升级

鸡舍空舍期冲洗，对于地面、墙面等部位的冲洗，由之前单纯的"水冲"改为先"气吹"，再进行泡沫润泡后高压冲洗，这样能提高冲洗效果，大幅减少清洁用水。另外，所有棚架设备全部浸泡预湿后再进行高压冲洗，单位用水冲洗效果明显提升，年节省用水90万t，实现商品肉鸡节水7.5 kg/只（表2-1）。

表2-1 不同清洁方式的鸡舍冲洗用水量

类型	养殖量/（只/栋）	用水量/m³		备注
		传统清洗方式	干洗清洁方式	
地养	22 000	35	8	—
立养	28 000	196	45	6列笼具
立养	37 000	240	55	8列笼具

3. 加强水线管理实现节水

通过水线加药消毒改善鸡群饮水水质，减少水线冲洗频率，年节省用水4 075 t，实现商品肉鸡节水0.034 kg/只。

4. 减少"跑、冒、滴、漏"实现节水

在日常生产管理中关注细节，减少"跑、冒、滴、漏"现象的发生。在饲养过程中通过生产数据分析鸡群饮水量是否合理，例如鸡只在常温下水料比为2∶1，超出正常水料比范围要及时查找原因，包括管理、环控是否出现异常，比如温度升高，鸡只饮水量会上升。此外，水线漏水、水线损坏等也会造成水料比异常的错觉。场区内消防管道、消防设备定期维护保养，提高水的有效利用率。

二、肉种鸡养殖节水措施

（一）山东益生种畜禽股份有限公司种鸡场

山东益生种畜禽股份有限公司近年来不断通过优化设备和工艺流程，更加高效地利用水资源，以达到节水目的。公司始终注重把生产中的节能增效和环境保护进行有效结合，以实现发展企业与环保节能的双赢。该公司的具体技术措施与成效如下。

1. 鸡群用水

对水线供水设备进行改进，根据鸡群不同时间段的饮水情况，自动调整鸡舍水压，减少了水浪费的情况，特别是笼养场区效果比较明显，在节水的同时，也减少了粪便的含水量，有效地降低了粪污的处理难度。这个环节实现种鸡年均节水19.3 L/只。

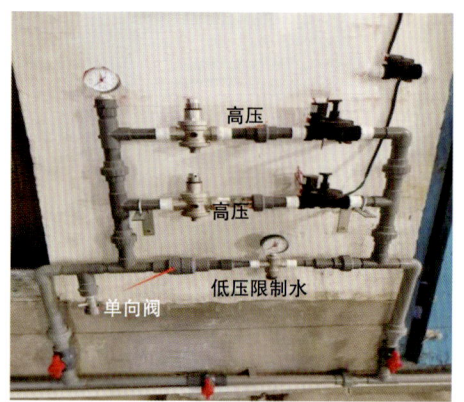

水压控制阀

2. 水路清洁用水

日常的水路冲洗,全面升级为臭氧气泵消毒清理;主管道定期使用消毒液浸泡消毒清洗,减少了日常水路冲洗对水的浪费的同时,水路的卫生也得到了显著的改善。这个环节实现种鸡年均节水0.32 L/只。

3. 冲刷用水

改进鸡舍冲刷工艺,先彻底清理鸡舍卫生,然后对全部设备浸泡预湿后再进行冲洗,有效避免冲刷水的污染。同时收集冲刷后的水,采用三级沉降过滤技术对污水净化后循环再利用,前期冲刷全部采用循环用水。最后采用高压水枪清水扫尾消毒。这种方式在有效节约用水的同时,完成了对污水的处理,避免了污水排放。这个环节实现种鸡年节约用水6.2 L/只(表2-2)。

污水处理池

表2-2　不同清理方式下的鸡舍冲洗用水量

类型	养殖量/（只/栋）	用水量/m³	
		传统清洗方式	改进清洁方式
平养	8 000	60	25
笼养	10 000	75	32

4. 夏季湿帘降温用水

湿帘降温用水，余水全部回流进入回水装置，循环使用；并利用控制器根据外界温度变化情况，精准控制湿帘上水量，实现精准控水。在实现鸡舍精准控温的同时，有效地减少水的浪费。这个环节实现种鸡年节约用水1.02 L/只。

5. 日常用水管理

（1）关注生产细节，在饲养过程中通过生产数据分析鸡群饮水量是否合理，超出正常水料比范畴的，需要分析原因，减少饮水设备问题造成的资源浪费。

（2）场区员工衣服、被褥等，由专人集中清洗消毒，在保证场区防疫安全的同时，避免员工各自清洗对水的浪费情况，减少生活废水。

（3）公司巡视组对场区节水问题进行检查，定期排查并对比各场的情况，减少非正常耗水；场区内消防管道、消防设备也要定期维护保养，以此提高水的有效利用率。

（二）山东民和牧业股份有限公司

山东民和牧业股份有限公司（以下简称"民和股份"）致力于环境保护和资源循环利用的探索与研究，秉承健康可持续的企业发展理念，在节约养殖生产用水使用与降低污水产生的同时，实现污水的循环利用。民和股份养殖场在节约用水与循环利用方面采取如下措施。

1. 管理模式的升级

鸡舍冲洗用工模式的升级：由原来的场内员工对鸡舍养殖设施冲洗升级为聘请专业清洗工操作，每场冲洗用水可节约50%~60%。

2. 设备使用升级

水线冲洗消毒方式的升级。由传统的直冲式清洗升级为水线浸泡与高压脉冲式冲洗消毒模式，有效地提高了清洗效果，并且清洗用水量大幅度下降，每条水线每次冲洗可节约用水60%~80%。

水线清洗设备

3. 水帘降温工艺的升级

（1）由原来的喷雾降温升级为水帘降温，并将水帘上水后的余水全部经下水道流回储水池进行循环利用。

（2）水帘降温由原来的常开运行调整为定时运行。

通过水帘降温工艺的升级，年节省用水达30%~50%。

降温水帘　　　　　　　　水帘控制开关

4. 污水资源化循环利用方式的升级

传统污水处理方式进行升级,采用SBR工艺处理后,达到还田灌溉或循环利用水平,每年可节约用水约9.0万t。

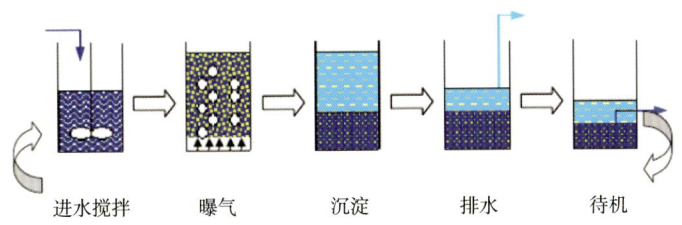

进水搅拌　　曝气　　沉淀　　排水　　待机

污水处理循环利用流程图

污水处理车间

（三）山东鼎立农牧科技股份有限公司

山东鼎立农牧科技股份有限公司是一家国家级肉种鸡养殖重点龙头企业，一直以来尤为重视水资源的利用，倡导节水生产、高效用水，并通过自身反复探索，已取得一定成绩和经验。经过近几年不断摸索，总结了一套切实可行的节水措施，有效地控制了养殖用水，从而减少了污水的产生，并通过对污水的处理，实现了水的循环再使用，大大地节约了水资源。该公司在节约用水与循环利用方面采取如下措施。

1. 水线改造升级

将老式饮水乳头饮水器和饮水管全部进行更换，统一采用德国工艺生产的新式水线，采用压力阀来控制水位高低，使水线乳头饮水器出来的水压力既不会太大而浪费水，又不会太小使鸡喝不上水，从而达到节水的目的。水线乳头原来采用的是普通乳头，鸡不喝水的时候也会往下滴水，现在改为普拉松乳头，鸡不喝水，就不会滴水，升级改造后在保证日单只必需饮水量情况下可降低28.8%左右的浪费。

由于鸡舍上下落差比较大，对于鸡舍在底端的可以安装减压阀以控制好鸡舍供水稳定以及防止压力过高造成跑水现象。

水路调压器

选择质量好的调压器，保证水位高度比较精确，可以保证与供水连接比较牢固，保证没有跑水现象。

2. 优化供水模式

在传统观念上，肉种鸡养殖时应该确保不间断的供水，"灯亮水开"，尤其是在炎热的夏季和产蛋高峰期，更是不能缺水。而通过近年来该公司的实践表明，用环控器控制主管路电动阀门，根据鸡群饮水高峰和低谷，分时间段合理、适时地限水，如早晨5:00开灯加料、饮水高峰正常在9:00之前，所以在9:30之后根据实际情况限水。下午12:30—14:00给一次水，关灯前给水1 h。限水要根据季节、天气温度、鸡只嗉囊软硬情况相结合。适当限水不会影响鸡群生产性能发挥，同时还能减少饮水量（日单只饮水量可降低13.5%），从而可以很大程度上降低粪便含水率，进而减少后端污水处理负荷。

定时供水控制系统

3. 加装水线告警系统

现代化养殖采用的是科创信达智慧养殖数据平台，鸡舍所有使用数据在数据平台上实时更新，通过对每栋鸡舍的饮水量和水压进行实时采集，对于饮水压力或饮水量有异常的鸡舍可及时进行报警，防止出现鸡舍跑水或供水不足等问题。

农舍名称	鼎立指数	温度(°C)	湿度(%)	通风级别	通风量(km³/h)	静压(pa)	CO_2(ppm)	饮水量(m³)	用电量(KWh)
种鸡1号舍	88.97分	24.8/20 (0.0)	91/70	5/9	294	5	252	3.64	111.00
种鸡2号舍	84.37分	25.5/20 (0.0)	94/70	6/9	336	7	472	3.59	113.40
种鸡3号舍	84.14分	25.6/20 (0.0)	94/70	6/9	336	7	509	3.37	109.40
种鸡4号舍	86.06分	25.6/20 (0.0)	94/70	6/9	294	15	552	2.69	116.80
种鸡5号舍	86.32分	25.5/20 (0.0)	92/70	6/9	294	14	452	2.44	116.80
种鸡6号舍	84.88分	25.2/20 (0.0)	94/70	5/9	252	7	481	2.69	113.00
种鸡7号舍	82.88分	25.3/20 (0.0)	94/70	6/9	294	1	603	2.51	110.60
种鸡8号舍	84.1分	25.6/20 (0.0)	95/70	5/9	252	13	591	2.79	105.60
种鸡9号舍	83.9分	25.7/20 (0.0)	95/70	6/9	294	12	494	2.20	113.40
种鸡10号舍	85.69分	25.6/20 (0.0)	94/70	6/9	294	13	478	2.63	105.60
种鸡11号舍	81.53分	25.3/20 (0.0)	95/70	6/9	294	0	533	2.90	106.20
种鸡12号舍	86.77分	25.6/20 (0.0)	94/70	6/9	294	17	433	2.31	105.60
种鸡13号舍	86.56分	25.1/20 (0.0)	93/70	5/10	252	13	523	2.25	91.60

实时水量截图

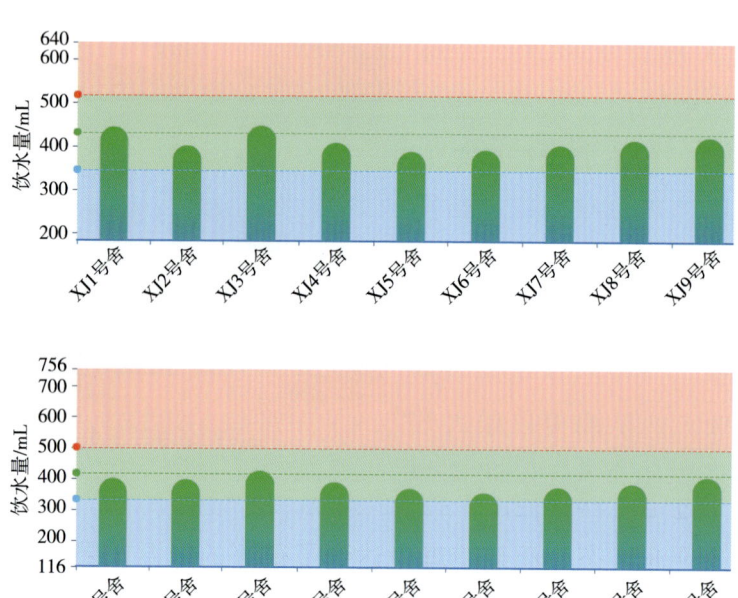

单只鸡饮水量截图

4. 水线自洁系统升级

为确保鸡群饮水品质，以往每天早晨开灯前要对所有水线逐一排水清洗，但这样也会造成水源的极大浪费。针对这一情况，该公司在每栋鸡舍主管路上加装爱水宝（主要成分为二氧化氯，可随水流自行稀释至水线中），可以做到对水线随时随地进行消毒；同时将每日一次水线冲洗由原来的常压冲洗升级为每周一次臭氧+脉冲冲洗，减少单次冲洗时间，提高冲洗质量；每条水线冲洗时长可独立控制，从而避免不同长度水线冲洗时间冲突等问题。通过诸多措施，在保证饮水品质的前提下，每栋舍（12 000只饲养量）每周可节省用水8 m³左右。

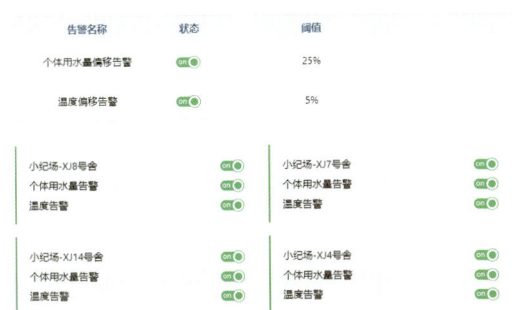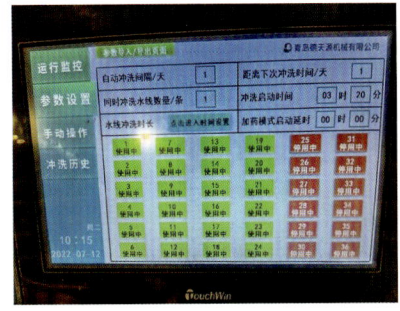

水线冲洗系统工作界面

5. 湿帘降温工艺及管理优化升级

部分鸡舍湿帘池位于地下，有时会出现湿帘池水溢出的情况，因此在每栋鸡舍湿帘池供水管道上加装浮球阀，可使湿帘池水位稳定在合理高度，防止因阀门忘关导致水源从湿帘池侧壁溢流，造成浪费。通过定时器的控制来控制湿帘水泵的上水时间，不但使湿帘一直保持湿润状态，而且使鸡舍达到了很好的降温效果。原水帘上水后余水全部通过下水道流出，未再进行循环，通过管道改进，水帘泵上水控制更精确，且余水全部回流进入回水装置，进行循环利用。

管理方面。夏季来临之前，全部检修一遍湿帘系统设备，更换、加固了湿帘上水软管，减少因设备故障造成的水源浪费；定期巡检，维护保养，湿帘外围管道、湿帘纸等确保不外漏水；中午

11:00—14:00，每个鸡舍配备值班人员，确保湿帘池子水够用，不浪费；白天日常巡查湿帘装置，晚上值班巡夜人员，发现问题，及时反馈，及时处理，杜绝湿帘设施跑冒滴漏现象。

6. 鸡舍冲洗设备升级

以前冲洗鸡舍使用的是老式水泵，开始冲刷鸡舍后上水就不停止。更换使用高压自动冲洗机，紧握手柄就会冲洗，松开手就停止，利用高压水泵，在有效保持冲洗效果的同时有效节水。

7. 精确计算鸡舍消毒用水

每个鸡舍根据体积计算出消毒用水量，在消毒池设置刻度，定量用水消毒，既达到了很好的消毒效果又节约了用水。

8. 生活用水严格管控

生活用水分时供应。一天分三次供水，早晨起床至早晨上班、中午午饭至下午上班、晚上晚饭至晚上9:30，其余时间关闭总水阀，并由专人负责总水阀的开关，伙房用大桶存水使用。

下班期间，生活用水水阀调到合适并限时供给。太阳能等用水设施不能溢水；水龙头、淋浴喷头不得漏水。发现有漏水、滴水、跑水现象及时维修。场内禁止出现常流水现象发生。

公司每次开会都强调节约用水的重要性，并监督、落实到位。据测定，滴水（1个水龙头），在1个小时可浪费0.2 kg，每月可集水0.14 t；至于连续成线的小水流，1个小时可浪费17 kg，每月可集水12 t；哗哗响的大水，1 h可浪费670 kg，每月可集水482 t。可见，节约用水要从点滴做起。

9. 优化污水处理节水

公司大力建设沼气工程和污水处理工程，对养殖场产生的粪水和生活污水进行集中处理。通过厌氧+好氧等处理工艺的相互协同，将废水处理成符合国家农业灌溉标准的水源，为附近作物进行就近灌溉，大大节约了地下的水资源。同时公司又投入资金修建蓄水池，购入水罐车、水泵等设施，解决了灌溉水存放和运输的问题。据估算，每年由此可节约农田地下灌溉水3万余m^3。

污水处理车间

通过对设备的升级改造和对水线的严格管理，以及智慧养殖的大数据平台的开发利用，大大地减少了养殖用水量，从而也降低了污水的产生数量，再加上公司对污水处理后的循环利用，对环境保护和节约水资源成效显著。

三、蛋鸡养殖节水措施

青岛田瑞生态科技有限公司

青岛田瑞生态科技有限公司利用数字化、智能化养殖模式、提供精准营养、智能化的养殖环境控制手段，满足鸡群各个阶段精准的营养需求以及对环境指标（如温度、湿度、通风、氨气、二氧化碳等）的精准控制，使鸡群在生长、生产过程中水料比控制在安全、适宜的范围之内,大大节约了用水量。该公司的具体技术措施与成效如下。

1. 选择优质水线、水嘴

选用优质水线、水嘴,及时发现更换有问题的水嘴,减少跑冒滴漏。

2. 合理调节水压

根据不同日龄、不同长度鸡舍水压的特点不同,匹配相应的水压,既保证鸡充分喝水,又不造成鸡只耍水浪费。

3. 升级水路冲洗

日常水路冲洗升级为水线自动冲洗设备,夏季合理定时换水,主管道定期使用消毒液浸泡消毒清洗,减少日常水路冲洗对水的浪费。

4. 优化冲刷工艺

优化鸡舍冲刷工艺,先彻底清理鸡舍卫生,然后对全部设备浸泡预湿后再进行冲洗,最后采用高压水枪清水扫尾消毒。

5. 循环利用废水

湿帘降温用水,余水全部回流进入回水装置,循环使用;利用控制器根据外界温度变化情况,精准控制湿帘上水量,实现精准控水,减少水的浪费。

通过综合节水控制措施,达到水料比控制在2∶1,每天每只鸡消耗约230 mL的用水量;2018年以前采用传统饲养模式水料比是2.43∶1,现在每只鸡每天节省50 mL水,公司现存栏50万只蛋鸡,每年在不影响生产性能的前提下可节省用水9 000 t。

第二部分 集约化养鸡节水措施

乳头饮水　　　　　　　　　　降温水帘

第三部分

水禽养殖节水措施

一、商品肉鸭养殖节水措施

（一）益客集团鲁中养殖发展中心

益客集团鲁中养殖发展中心近几年来一直探索提升肉鸭养殖发展模式，通过密闭网养、密闭笼养，采用自动供水系统、调压阀、恒压供水系统、乳头饮水器等集约化养殖设备设施，来代替过去的普拉松饮水器，实现合理利用水资源、节约用水、防止水浪费，并同时降低了粪污的处理难度。该公司的具体技术措施与成效如下。

1. 改善饮水方式（普拉松式饮水→乳头式饮水）

2014年前，采用上网下床普拉松饮水器模式，平均每只鸭子每天用水约0.57 kg/（只·d）。2014年以后，采用密闭立体笼养、封闭网养、封闭式水线、乳头饮水器模式，使用压力阀、调压器、

普拉松式饮水

乳头式饮水

压力罐自动控制,平均每只鸭子每天用水量约0.45 kg/(只·d)。3万只的养殖规模,单批次可节约用水136.76 t。全年7批次可节约用水957.32 t,存栏18万只商品鸭,年节省用水5 743.92 t(表3-1)。

表3-1　3万只鸭子不同饮水器饮水量对比分析

时间	总饮水量/kg	单只/(kg/d)
2014年以前(kg)	656 960	0.57
2014年以后(kg)	520 200	0.45
3万只鸭子单批次节水量(t)	136.76	0.12

注:棚舍信息:棚长86 m,宽18 m,脊高5.4 m,檐高3.4 m,单排笼8列3层。笼具规格为1 m×1 m×0.56 m。

饲养规模:8(列)×77(笼)×3(层)×16(只)=29 568(只)。

2. 改善棚舍消毒冲棚方式(两次水冲清理清扫→一次水冲消毒、一次弥雾消毒)

2020年前养殖消毒冲棚2次/批,3万只耗水约75 t(第一次低压冲棚耗水约40 t,第二次低压冲洗耗水约35 t)。自2020年后采用第一次高压冲棚耗水约25 t,第二次采用弥雾消毒耗水约0.1 t,合计用水25.1 t,单批次节约用水49.9 t,年节约用水349.3 t(7批次)。年节约用水11.64 kg/只。

棚舍冲洗消毒

3. 改善水线清洗消毒方式（水冲式清洗→水线浸泡清洗消毒）

2019年前水线消毒采用高压直冲式冲洗消毒方式，3万只18条水线耗水约9 t/次，54 t/批，378 t/年；2019年后采用无压浸泡式清洗消毒3万只18条水线耗水约1.8 t/次，10.8 t/批，75.6 t/年；节约用水7.2 t/次，43.2 t/批，302.4 t/年。

4. 改善粪水资源化利用方式（三级沉淀池+阳光房模式→黑膜氧化塘模式）

改善传统粪水处理方式，采用三级沉淀池暂存后阳光房干燥处理后还田模式；采用黑膜氧化塘厌氧发酵处理方式后粪水可以直接灌溉农田，3万只规模约替代灌溉用水450 t/批，3 150 t/年（年出栏7批）。

污水处理池

公司植被消纳部分粪污

（二）菏泽众客金润食品有限公司大埝未来农场

菏泽众客金润食品有限公司大埝未来农场位于鄄城县大埝镇，是由江苏益客集团建设并运营"亿只肉鸭产业"项目的肉鸭养殖板块。农场始建于2019年，占地600余亩，按"出口标准"建设标准化肉鸭养殖棚舍68栋，年出栏肉鸭980万只，通过现代畜牧设施装备的应用,实现了通风、加料、饮水、光照、清粪等生产环节的自动化与智能化。项目自建设以来先后荣获省级扶贫龙头企业、农业产业化市级龙头企业、市级乡村振兴专家服务基地、肉鸭养殖国家级标准化示范场,山东智慧畜牧应用基地等荣誉称号。该公司的具体技术措施与成效如下。

1. 采用先进饮水系统节水

传统肉鸭养殖一般采用普拉松饮水器或水槽,每只鸭子每天的平均饮水量高达0.7 kg,水料比高达5∶1,甚至更高,饮水浪费严重。该农场采用全自动供水系统,包括调压器、水线、触控饮水乳头和接水杯等,能根据鸭群日龄调节水压及乳头出水量,有效减少水浪费,每天每只鸭子的平均用水量由0.7 kg降至0.4 kg,水料比降至2.5∶1,每只鸭子可节约用水11.4 kg(全年饲养周期平均为38 d),全年出栏980万只,可节约用水11.2万m³。

全自动供水系统

2. 升级清粪环节节水

传统肉鸭养殖一般采用开放式网上养殖或地面平养,空栏期间粪便的清理往往全靠水冲洗,每批次每栋鸭粪及棚舍冲洗用水不低

4. 改进粪便处理模式节水

传统肉鸭养殖鸭粪一般用一定比例的清水稀释后还田的方式进行，稀释比例一般为1：4，甚至更高，造成极大的水资源浪费。该农场创造性发明了鸭粪异位发酵床处理方式，养殖区产生的鸭粪通过粪带输送系统传送至棚舍末端，通过绞龙将粪水输送至养殖区棚舍末端暂存池，利用压力泵将暂存池内的粪水通过管道输送至粪水处理区的集污池内，再通过抽提系统将集污池内的粪水定量输送至阳光房并均匀加入至异位生物发酵床上，床体及时加入生物发酵菌剂，翻抛供氧，粪水加入周期为每天均匀加入，发酵床内的菌体通过连续不断地利用鸭粪有机物提供的养分进行快速扩繁，发酵产热，高温控制在50～65℃，通过机械翻抛使床体内部的水分快速蒸发、干化，达到快速去除水分的目的，同时发酵后的鸭粪有机物转化为优质的堆肥物料。床体可使用2年，其间少量补充垫料即可，经长期处理后的鸭粪，形成优质有机肥料，作为农作物底肥或追肥进一步利用，实现养殖场粪污的资源化利用。

阳光房异位生物发酵床系统

5. 精细化管理节水

在日常生产管理中关注细节，减少"跑、冒、滴、漏"现象的发生：一是关注生产细节，在饲养过程中通过生产数据分析鸭群饮水量是否合理，超出正常水料比范畴的，及时分析原因，减少饮水设备问题造成的资源浪费；二是场区内供水管道及实施定期维护保养，避免因供水设备损坏出现水浪费；三是场区排水雨污分离，避免水资源因鸭粪污染造成浪费。

6. 节水成效分析

该农场由于采用先进的养殖模式和节水工艺，加上精细化管理，每出栏一只肉鸭相比传统养殖模式至少可节水21.58 kg，年出栏980万只，全年节水量21.14万m^3以上。

7. 注意事项

要确保供水系统质量可靠，饮水乳头不能出现"滴漏"现象，并配置节水杯，防止鸭子饮水过程中水洒落在粪带上。日常管理中注重供水系统的检查，避免因水线乳头损坏造成水资源浪费，另外水帘用水池做好防水，不能有渗漏情况。

（三）新泰市天信农牧发展有限公司

新泰市天信农牧发展有限公司（以下简称"天信农牧"）位于新泰市楼德镇东村会馆大街，注册资本5 000万元，是一家集种鸭养殖与孵化、商品鸭养殖与屠宰加工、生态循环农业研究与示范于一体的农业龙头企业。截至目前，公司拥有高标准智能化养殖基地11处，建设智能化立体养殖棚舍150栋，存栏肉鸭450万只，年出栏无公害肉鸭3 600万只。公司于2017年8月推出肉鸭高标准智能化立体养殖模式，肉鸭养殖生产实现了从喂料、饮水到环控、温控等全自动智能控制。该公司的具体技术措施与成效如下。

1. 改变清粪及消杀方式，设施用水"零"消耗

天信农牧肉鸭基地养殖棚舍均采用四层笼具立体养殖模式。鸭舍内配备专门的鸭粪收集清理系统，每层笼具下铺设聚丙烯材质粪带，肉鸭粪便通过笼具网眼落入粪带表面，根据粪带设定的感应值，鸭粪自动将粪污传输至棚舍末端粪沟，利用粪沟内绞龙装置将鸭粪导入棚外粪污暂存池。整个养殖周期棚舍内地面不会产生鸭粪便等污物，因此肉鸭养殖过程及出栏后无须用水对地面进行清洁。

棚舍自动清粪系统，做到鸭粪不落地

肉鸭出栏后的笼具等设施清洁消毒也采用免冲洗方式，利用博灭克泡沫除菌清洁剂（购自大连三仪集团）辅助清洗消杀，其主要成分为：表面活性剂、聚乙二醇、ABP、DDAC、醋酸氯己定等。棚舍消杀采用博灭克空舍泡沫表面消杀+弥雾立体消杀。这种消杀方式具有节能、环保、高效、快捷等优点。常规网养地面冲刷及设施消杀用水量大约为150 m^3/（万只·批次），采用立体养殖改变清粪方式和冲刷、消杀模式后，棚舍用水基本为"零"。

2. 饮水设施提升，减少用水量

之前肉鸭饮水采用普拉松饮水器，其缺点：饮水开放式，易洒

水,浪费水资源,容易污染环境,需要每天清洗,浪费人力。为进一步降低用水量,减少养殖污染,自2018年公司对棚舍内肉鸭饮水系统进行改造升级,将之前普拉松饮水器改为乳头饮式水器。乳头饮水为封闭触发式出水,震动碰撞不易洒水,下有接水碗,对溢流水进行回收饮用,水质不易被污染,不用清理,节省劳力。实践表明:每万只肉鸭使用乳头饮水器比普拉松饮水器每批次(36 d)节水40 m³。

饮水设施更换为乳头式饮水

3. 节水成效

(1)棚舍清粪及消杀节水。常规网养地面冲刷及设施消杀用水量大约为150 m³/(万只·批次),天信农牧每栋舍肉鸭存养量为3万只,每栋每批次节水450 m³,每年出栏8批可节水3 600 m³,天信农牧共有150栋鸭棚舍,公司改变清粪方式和冲刷、消杀模式后,年总节约用水量54万m³。

（2）饮水设施提升节水。基地棚舍普拉松饮水器改为乳头饮水器后，每万只肉鸭每批次（36天）节约用水40 m³。公司年出栏肉鸭3 600万只，肉鸭饮用水节水总量14.4万m³。

天信农牧肉鸭养殖基地采取以上节水措施后，年减少用水总量：54万m³+14.4万m³=68.4万m³。

4. 注意事项

要注重做好鸭粪处理，特别是25日龄后鸭粪便稀薄，如得不到妥善处置，极易造成当地环境污染，影响居民生活。对于25日龄之前含水率稍低的鸭粪便，公司采用生物发酵与机械翻抛技术相结合，将粪便统一收集至阳光房，添加适量辅料和专用发酵菌剂进行发酵，制作有机肥，用于园区及周边农业种植。对于25日龄之后含水率较高的鸭粪便，采取固液分离，分离后的固体鸭粪堆肥发酵，制作有机肥。液体部分进入污水处理站，经厌氧和好氧发酵工艺处理后，化学需氧量（COD）、生化需氧量（BOD）、悬浮物（SS）等各项指标大幅降低，达到农业灌溉标准，经专用管网引流至天信农牧生态农业种植园用于农作物灌溉。

鸭粪便一体化发酵装置

打造种养一体生态循环农业

（四）临沂鸿盛丰源养殖有限公司

临沂鸿盛丰源养殖有限公司成立于2019年，注册资金3 000万元，经营范围：鸭苗培育、肉鸭饲养、销售、养殖技术服务、粪便无害化处理等。公司共投资6 000余万元用于现代规模化、标准化、智能化及数字化的肉鸭养殖，采用现代化三层立体养殖实现批次饲养规模80万只，年出栏规模达到600余万只。公司采用现代化自动供水系统、无塔供水、调压阀、乳头式饮水器等集约化养殖设备，代替过去的普拉松饮水器，实现合理利用水资源、节约用水、防止水浪费，并降低了粪污的处理难度。该公司的具体技术措施与成效如下。

1. 改善饮水方式（普拉松式饮水→乳头式饮水）

普拉松饮水器模式，平均每只鸭子每天用水约0.57 kg/（只·d）。采用密闭立体笼养、封闭网养、封闭式水线、乳头饮水器模式，使用压力阀、调压器、压力罐自动控制、平均每只鸭子每天用水量约

0.55 kg/（只·d）。25万只的养殖规模、单批次可节约用水150 t。全年7批次可节约用水1 050 t。

密闭立体笼养、封闭网养

封闭式水线、乳头饮水器

2. 改善水线清洗消毒方式（水冲式清洗→水线浸泡清洗消毒）

2019年前水线消毒采用高压直冲式冲洗消毒方式，25万只18条水线高压直冲耗水约30 t/次，90 t/批，630 t/年；2019年后采用无压浸泡式清洗消毒25万只18条水线耗水约10 t/次，20 t/批，140 t/年；节约用水20 t/次，70 t/批，490 t/年。

3. 改善粪水资源化利用方式（干湿分离+阳光房模式→污水处理系统）

改善传统粪水处理方式采用现代化压滤设备，做到干湿分离。阳光棚内加益生菌发酵干燥处理生成有机肥还田。公司引进了国际先进的M-SBR污水处理系统，解决了养殖环保问题，养殖废水经过处理后达到农田灌溉标准。25万只规模约替代灌溉用水450 t/批，3 150 t/年。

阳光棚干湿分离

污水处理系统

4.节水成效

改善饮水方式采用乳头式饮水,25万只的养殖规模,单批次可节约用水150 t,全年7批次可节约用水1 050 t;改善水线清洗消毒方式,节约用水20 t/次,70 t/批,490 t/年;改善粪水资源化利用方式,养殖废水经过处理后灌溉还田标准,可替代灌溉用水450 t/批,3 150 t/年。实现年节水4 690 t/年。

5.注意事项

加强日常管理,做好每个鸭舍用水量监控,以便及时发现问题补救。养殖中采用质量可靠的饮水管线,确保供水稳定,避免频繁检修问题。及时检测饮水管路各环节有无破裂、漏水情况,特别是管道连接处是否有滴水、渗水现象。

(五)沂南县常贵起养殖场(发酵床养殖)

常贵起养殖场位于沂南县孙祖镇黄庄村,建设于2014年6月,建有简易鸭舍2栋,每栋长50 m,宽10 m,面积1 000 m^2。养殖场采用原位发酵床平养模式,每批上鸭苗8 500只左右,年养殖7批,年出栏6万只。该场鸭舍两侧安装管式节水饮水器,饮水器下方留取40 cm宽、30 cm深饮水网架,此设计更能合理利用水资源,避免不必要的浪费。网架下设引流道,降低发酵床处理负担。环保垫料至今已使用8年时间,其间仅补过几次菌种和少量垫料,发酵床厚度没有明显变化,颜色由初期的黄褐色变成深褐色,质地由松散变得沉实,目前仍能正常使用。该公司的具体技术措施与成效如下。

1.改进饮水方式,减少饮水浪费

饮水浪费极易造成发酵床湿度过大,必须防止供水管及饮水器具的跑冒滴漏,可以使用节水型水线(比如乳头式饮水系统);也可以使用管式饮水器,管式饮水器可以自行制作,选用市售复合

管或优质PVC管材，管径75 mm，长度2 m，每支开20个左右的饮水孔，孔径45 mm，间隔50 mm，两端使用清扫口胶封堵，以便于清洗，一端安装控水阀控制水位，采取水平纵向吊装，防止鸭群踩绊，可在饮水管下附加PVC管材或铁皮槽制作的接水槽，对滴漏水再利用。饮水孔既方便鸭饮水，又不便于鸭摆头衔水洗浴，不会出现饮水溢出或泼洒现象，在保证肉鸭有充足饮水供应的情况下，控制了饮水浪费和污水产生，根据肉鸭日龄和需要，调整布局和高度。管式饮水器造价低廉、制作简单、控水精准，较之前的槽式饮水器可以节水1/3～1/2，养殖全程基本不产生污水。

2. 原位处理粪污，杜绝冲棚污水

原来养殖户采用水冲形式，粪污未经处理直接排放，不仅极大地增加了用水量，而且对环境造成了污染，现在采用环保垫料养殖，鸭粪全部沉积到垫料中，鸭粪基本被有益菌分解，减少了臭气甲烷等有害气体的产生，更换的垫料可作为农作物生长的肥料。原位发酵床具有投入小、臭味小、免冲洗、零排放、节约水源等优势，减少了用水量，是小型肉鸭养殖场的理想选择。

肉鸭发酵床养殖棚舍内景

3. 节水成效

生物发酵床养殖技术，可显著改善环境空气质量，降低有毒有害气体浓度，减少畜禽呼吸道和消化道发病率，节约用药，提高产品品质，为产品认证奠定基础。发酵床养殖技术，可以提高畜禽成活率、饲料利用率；畜禽出栏后，棚舍无须冲刷；每千只商品鸭一个饲养周期可减少冲刷污水15 m^3；每只肉鸭可以增收0.8~1.2元；每年可以减少污水排放20 m^3，节水成效显著。该养殖模式对于保护生态环境，促进畜牧业经济可持续发展意义深远，是肉鸭中小养殖户的最佳选择。

4. 注意事项

关键是做好发酵床的管理维护。发酵床以使用锯末、稻壳原料最佳，锯末不要过细，混合稻壳使用，垫料铺设厚度应不低于20 cm，制作垫料过程中注意剔除霉变结块及铁钉、树皮、木块、石子、薄膜等杂物。垫料吸附排泄物水分后湿度增加，通过蒸发和通风换气保持适宜的温度，保持松散透气特性。发酵床翻耙要根据排泄物多少及密度、气温、日龄等灵活控制，一般肉鸭养殖前期即7~10 d内无须翻耙，中期每隔5 d左右进行一次翻耙，后期肉鸭排泄物增多，可增加翻耙频率，必要时隔日翻耙一次。肉鸭出栏后，要避免粪便结痂和垫料结块，尽量在3 d内对垫料进行翻耙，可以剔除结块，根据需要补充新料或菌种。每个批次间隔10~15 d，气温低时要延长间隔期，深冬腊月时节，天寒地冻不便通风，垫料湿度难以控制，建议暂停养殖，只要管理维护得当，发酵床至少可以使用5年。

（六）山东惠生食品有限公司

山东惠生食品有限公司成立于2019年，是山东和康源集团在临邑投资建设的全资子公司。公司下设屠宰加工基地1处,年宰杀量4 000万只,生产冰鲜产品8万t;设施化肉鸭自养基地4个,采用现代化三层立体养殖模式,单批饲养规模120万只,年出栏规模量达到1 000余万只。公司采用现代化自动供水系统、无塔供水、调压阀、乳头式饮水器等集约化养殖设备,实现合理利用水资源、节约用水、防止水浪费,并降低了粪污的处理难度。该公司的具体技术措施与成效如下。

1. 改进冲洗方式

公司冲洗业务施行与外部专业冲洗队常年合作的管理模式,公司协助外部冲洗队优化冲洗流程,设备升级,从普通清洗设备到高压清洗设备,再到冲洗机器人的使用,在保证冲洗质量的前提下,提高冲洗效率,降低用水量,用水量从120 m³/栋下降至80 m³/栋,年饲养8个批次,年可节约用水量1.28万m³。

2. 改进饮水工艺

鸭舍饮水使用国内外先进设备厂商生产的乳头式饮水器,具有密闭性能好,不饮水时不滴不漏的良好性能,相比较于常规的饮水乳头,可节水20%~30%,年节约用水量2.07万m³。

乳头式饮水器,节约用水

3. 控制水料比

全年采用低温养殖，以鸭群为中心，采取看鸭施温、看鸭通风、看鸭降温、看鸭控温管理方案，降低鸭群因热应激带来的饮水需求的增加，水料比控制在2.5∶1以内，与常规（2.8~3.0）∶1，节约用水量10%~15%，年节约用水量约2万m³。

4. 优化防暑降温方式

每年4—10月，采取在鸭舍安装挡风帘，风机安装紧带轮提高风机效率，鸭舍进风口遮阴，湿帘遮阴，湿帘池加冰控制水温等措施，从而提高风速，降低体感温度，降低入舍空气温度，达到有效减少湿帘使用时间，降低热应激，降低用水量。

鸭舍顶部安装挡风帘，提高风速，降低体感温度

对湿帘进风口进行遮阴，降低入舍温度

5. 饲料配制节水

通过对肉鸭料营养配方调整，以及不同料号饲料用量调整，保持粪便带水率低，从而减少用水量，降低粪污处理难度，从前端控制后端粪水产生量。

6. 优化粪污处理

（1）鸭粪输送环节。养殖场全部采用全自动化粪污处理流程，在养殖棚舍内，配备了粪带收集系统，肉鸭产粪下落至粪带，通过自动传输系统传送至鸭舍末端粪沟，通过横向绞龙传送至鸭粪暂存池，通过纵向绞龙传送至鸭粪收集池，整个过程全密闭，全程粪不落地，不用冲洗、不使用抽粪泵等，不增加任何用水量。

（2）鸭粪处理环节。采用干湿分离+机械翻抛发酵+粪水发酵还田相结合的处理工艺，具体通过前两个环节工艺调节，有效减少最后一个环节粪水产生，起到多产粪量、少产粪水量的效果，实现了粪便的资源化利用。

板框式干湿分离机，将鸭粪进行干湿分离　　翻抛机，将干粪进行翻抛，有利于缩短发酵周期

7. 节水成效

改善饮水方式采用乳头式饮水，25万只的养殖规模，单批次可节约用水150 t，全年7批次可节约用水1 050 t；改善水线清洗消毒方式，节约用水20 t/次，70 t/批，490 t/年；改善粪水资源化利用方式，养殖废水经过处理后达到灌溉还田标准，可替代灌溉用水450 t/批，3 150 t/年。

8. 注意事项

节水是一个系统工作，养殖设备、冲洗消毒设备、粪污处理设备、粪污处理模式升级是关键，同时需要借助数据统计、数据分析去发现异常，尤其是物联网大数据等进行实时跟踪和异常预警，更需要养殖场管理人员加强现场跟踪与管理，关注每一个环节、每一个细节，才能把有效的节水措施落到实处。

二、种鸭养殖节水措施

（一）高密六和种鸭养殖公司

高密六和种鸭养殖公司一直在环境保护和资源合理利用方面做着不懈努力，持续探索种鸭养殖方面的节水工作，从而实现养殖用水的降低和养殖废水的产生。该公司的具体技术措施与成效如下。

1. 养殖用水

从2012年以前的开放洗浴养殖方式到2012年封闭式自动水槽饮水，再到2017年至今的封闭式水线饮水方式，鸭只年用水从1.08 t/只，下降到目前的0.32 t/只，实现节水0.76 t/（只·年），用水量下降70%，存栏120万只种鸭，年节省用水91.2万t。

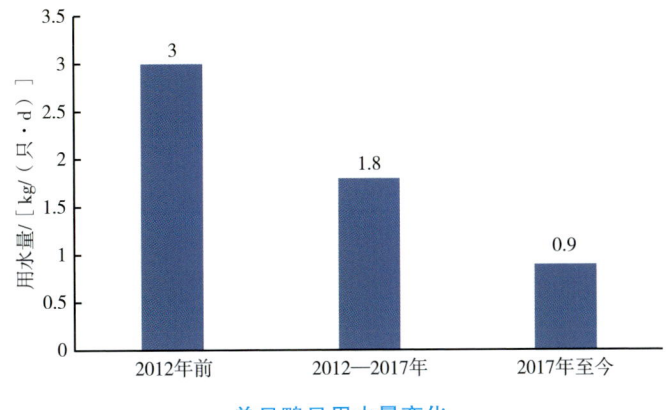

单只鸭日用水量变化

2012年前，采用开放式洗浴模式，既运动场+洗浴池，平均每只鸭子每天用水约3 kg/（只·d）。

2012—2017年，封闭式自动水槽饮水模式，即取消运动场、全部在鸭舍内饲养，饮水方式采用水槽+浮球控制用水量，平均每只鸭子每天用水量约1.8 kg/（只·d）。

2017年至今，封闭式水线饮水模式，既舍内饲养+水线饮水，平均每只鸭子每天用数量约0.899 kg/（只·d）。

种鸭养殖周期为18个月，每批次结束后集中对栏舍进行高压冲洗消毒，日常无冲洗流程，鸭舍冲洗用水量约5 t/栋，用水量基本无变化。

2. 孵化用水

近几年随着孵化环节设备升级和工艺流程改造，及时对冲洗设备进行升级改造，由原来的低压、人工冲洗升级到全自动、高压冲洗。年产5 000万只鸭苗孵化场用水量从43 200 t/年，下降到23 400 t/年，下降45.8%。新希望六和年产鸭苗2亿只，节省用水7.92万t/年。

3. 洗蛋节水

对于洗蛋环节采用中水二次回收工艺，洗完后的水经过过滤、加药，再次用来洗蛋，降低用水量，可实现洗蛋环节节水30%以上。

（二）利津六和种鸭有限公司

利津六和种鸭有限公司是集种鸭饲养、鸭苗孵化与销售于一体的祖代种鸭生产企业，作为国内一流的祖代种鸭生产企业，积极响应政府政策号召，秉持"资源节约型、环境友好型"理念，将节水措施融入全流程生产中，通过设备改进、管理优化等路径显著提升了公司养殖用水效率、减少废水产生量。该公司的具体技术措施与成效如下。

1. 改变饲养模式

2011年利津六和养殖场建场设计时,种鸭饲养模式由传统开放式饲养模式——运动场+洗浴池,设计改为封闭式舍内模式饲养,进行雨污完全分离,鸭群产生废水由开放式约3 kg/(只·d),降为1.8 kg/(只·d);减少大废水产生量和用水成本。

封闭式鸭舍

2. 改进饮水模式

2012—2016年鸭群使用管道水槽+浮球控制鸭群日常饮用水,用水约1.8 kg/(只·d),2017年开始改为乳头式饮水系统供水模式,通过鸭只啄触触发,实现"即用即停"。公司采取全封闭乳头式饮水、独立饮水岛饮水区域,使用压力阀、调压器自动控制鸭只饮水。相较于传统水槽饮水模式更节水,能够有效避免水源鸭群戏水时溢流等浪费,乳头式用水约0.9 kg/(只·d),12个栋舍5万只鸭规模养殖,每天节水约45 t,按照水费4.4元/t,节约水费198元/d,每天少产生45 t废水,减少废水处理约450元,整体用水节约648元/d,实现了养殖节水增效。

乳头式饮水系统　　　　　　　独立饮水岛饮水区域

3. 优化空舍冲洗方式

在鸭场水资源管理体系中，冲洗用水优化是践行节水的重要环节。基于种鸭养殖周期为75周的特性，采用栋舍批次化全进全出管理制，创新实施集中化高压冲洗消毒方案。即每批次生产周期结束后，按照标准化清洗流程，地面清理完鸭粪后，运用变频高压清洗设备对栏舍等设备进行系统性全面冲洗，之后注入消毒剂进行全面喷洒、消杀，实现粪污清除和病原微生物杀灭率双提升，相较于传统清洗机模式更能实现精准化周期管控。鸭舍冲洗用水量节省约7 t/栋，按照8栋/年，节省约56 t/年，节约水费246元/年，减少废水处理费用560元/年，在保障生物安全的前提下显著降低水资源消耗。

4. 改变水线清洗消毒方式

针对脉冲式清洗技术存在的水耗高的局限，创新引入水线浸泡式清洗消毒方式，闭环循环回路，保证消毒液在管道内循环流动、浸泡，持续药液接触时间（表3-2）。

2020年前水线消毒采用高压脉冲式冲洗消毒方式，水线高压脉冲清洗耗水约0.4 t/（次·栋），全批次约58 t/年；2020年后采用水线浸泡清洗消毒（可饮水消毒），平均耗水0.2 t/（次·栋），可节省0.2 t/（次·栋），全批次约29 t/年，节约水费约127.6元/年，节省废水处理费290元/年。

水线饮水浸泡消毒

表3-2 消毒药精准配比

使用点	使用方法	具体操作
空栏期	按1∶600倍稀释浸泡（即1瓶兑水600 L）	排空水线，按比例加入消毒药，浸泡24 h或以上，加压冲洗
饲养期（保持水线清洁）	按1∶6 000倍稀释饮水（即1瓶兑水6 t）	依据水线污染情况每周一次或每10 d一次，全天自由饮用
饮水消毒	按1∶30 000倍稀释饮水（即1瓶兑水30 t）	添加舍前水桶或加药器，全天自由饮用，可根据水质调节增加浓度

5. 节水成效

持续沿用全封闭乳头式饮水、饮水式水线消毒和空舍高压清洗模式，按照当前5万只养殖规模，全年全批次可节约用水1.65万t/年、节约用水费用7.26万元/年、减少废水处理费用16.5万元/年。

6. 注意事项

（1）周期性维护计划。饮水系统每周系统检测饮水乳头密封性，泄漏率控制在1%以下，日常做好冲洗设备高压清洗、机泵维护使用监控和维护，及时检查饮水管路各环节有无破裂、漏水情况。

（2）人员日常管理。加强日常管理，做好每个鸭舍每天用水量监控，以便及时发现问题及时解决。节约用水不仅需要设备技术和管理上的支持，还需要全体员工的共同参与和配合。因此，企业应加强用水监管和宣传教育，提高员工的节水意识和责任感。通过鸭群日龄、舍内温度、生产指标等制定用水计划和用水标准，明确各栋舍的用水量和用水指标，确保各项用水措施得到有效执行。同时，加强节水宣传教育，让员工了解节水、降低废水的重要性和方法，形成全员参与节水的良好氛围。

三、鹅养殖节水措施

青岛鑫河畜禽良种繁育场

青岛鑫河畜禽良种繁育场位于莱西市姜山镇东百户屯村，由原莱西东屯养殖场经过改建重组而来，2021年繁育场在青岛市畜牧工作站的指导帮助下对鹅舍进行了重新改扩建，现占地27.5亩，鹅舍5栋，其中保种舍1栋、育雏舍1栋、育种舍1栋、后备扩繁舍2栋，面积均在800 m²以上，孵化器4台，鲜蛋保鲜库2个，大型发电机1台，能够满足五龙鹅保种、育种、扩繁的需要。该公司的具体技术措施与成效如下。

1. 升级饮水工艺节水

2021年以前采用传统饮水模式，PPC水管+低压长流水模式，为保证水质清洁，传统饮水线方式采用低压长流水模式，即水龙头长期低压开放。2021年至今经测试改良，饮水采用水位压力计加单个饮水碗模式，鹅年用水从1.825 t/只，下降到目前的0.219 t/只。

现代饮水模式：水位压力控制+单个水碗

传统饮水模式：PPC水管+低压长流水模式

2. 改进养殖方式节水

2020年以前采用开放式洗浴模式，即运动场+洗浴池，平均用水约10 kg/（只·d）。2020年至今养殖采用网上平养，即舍内旱养+水线饮水，平均用水约0.6 kg/（只·d）。种鹅养殖周期多数为30个月，存栏3 000只种鹅可节水约25 380 t。

开放式洗浴模式：运动场+洗浴池

网上平养模式：舍内旱养+水线饮水

3. 节水成效

采用水位压力计加单个饮水碗模式，每只鹅用水量下降88%，实现节水1.606 t/（只·年），种鹅场存栏3 000只，年节水约4 818 t。采用网上平养，即舍内旱养+水线饮水，每只鹅用水量下降94%，实现节水3.431 t/（只·年），种鹅养殖周期多数为30个月，存栏3 000只种鹅一个养殖周期可节水约25 000 t。

4. 注意事项

精细化管理是关键，注意培养员工的节水意识，将节水纳入员工考核，与经济利益挂钩。定期检查供水管道、水线，及时修补更换，防止跑冒滴漏。

第四部分

生猪养殖节水措施

一、种猪场节水措施

（一）菏泽宏兴原种猪繁育有限公司

菏泽宏兴原种猪繁育有限公司位于菏泽市经济开发区陈集镇南三公里处，是国家生猪核心育种场，国家生猪标准化示范场，中央储备肉活体储备基地，国家"948"项目承担单位、星火计划承担单位，中国养猪行业百强企业，全国养猪行业百强优秀企业。现存栏能繁母猪3 200头，后备母猪1 000头，采取干料干喂与湿饲料相结合的饲养方式，年出栏生猪80 000头，其中种猪15 000头。该公司采取的具体节水措施如下。

1. 采用的节水措施

重点突出"农牧结合、种养平衡、生态循环、资源利用"实现节水。创造猪场生产新模式，拉长产业链，把养猪企业建成产业循环链条的一环，其产生的废水正好是下一生产环节必不可少的原

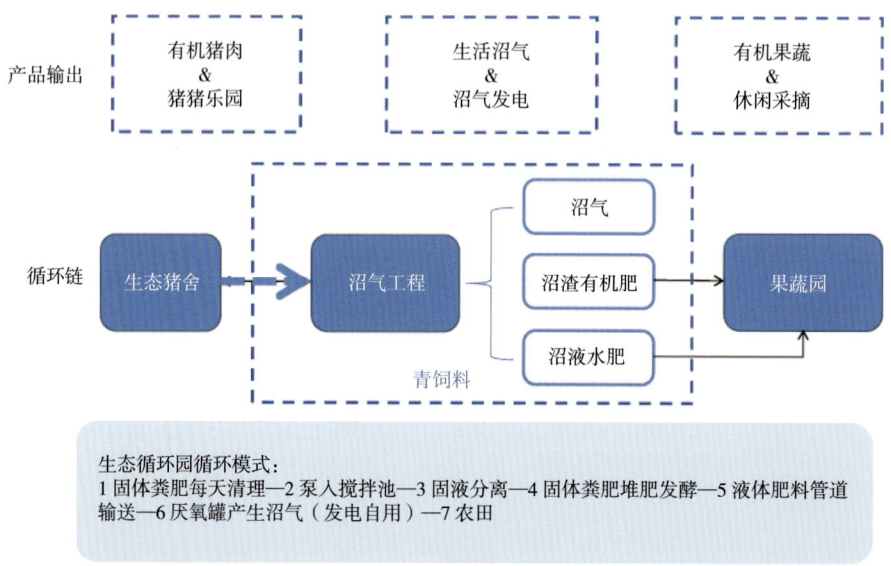

猪场生态循环示意图

料，变废水为宝，资源循环利用，零排放、无污染，真正节约用水。

具体做法：猪场产生的粪便采用水泡粪方式收集后厌氧发酵生产沼气，沼气用来发电，沼液沼渣全部用于肥田，有机肥替代化肥，用于生产绿色有机水果等农产品，农产品的副产品再用于养猪，形成了完整的农畜种养循环链条。

固液分离

田间沼液浇地出口

农副产品用于养猪

沼气柜发酵无害化处理

沼液用于浇地肥田

沼渣还田利用

2. 节水成效

转变养殖模式后,等于将农业生产的抗旱浇灌用水提前一个环节用于养猪场,通过养猪场利用后,普通水变成了携带农作物必需的氮、磷、钾、有机质等养分的水,然后施入农田。除了循环过程中的自然蒸发外,又一滴不少地投入了农田灌溉。以菏泽宏兴原种猪繁育有限公司正常年出栏生猪80 000头计算,整个养殖场全年节水12万t。

菏泽宏兴公司生产的农产品

3. 注意事项

(1)采用该节水工艺的关键控制点在于养殖业要与农业生产相结合,延长产业链。例如,菏泽宏兴原种猪繁育有限公司于2014年流转了养猪场周边13个自然村的8 500亩土地,成立了菏泽市开发区金硕农产品种植专业合作社,投资1 000万元购置安装了沼气生产、发电设备，建设了污水收集、排放设施，实现了收集、处理、排放的自动化。

（2）沼液输入农田的管网要与农田浇水管网合理贯通，方便沼液及时排入农田。保持农作物种植的多样性，保证沼液随产随用。沼液输出管网要坚固、封闭，切忌漏水，以免造成局部污染。

（二）威海大北农种猪科技有限公司

威海大北农种猪科技有限公司位于威海市文登区宋村镇硝二村南，公司成立于2008年10月，注册资金5 000万元，建有标准化猪舍65栋，总建筑面积29 000多平方米，总投资9 000万元，占地面积近200亩。公司于2009年2月从加拿大吉博克种猪公司引进大白、长白、杜洛克原种猪600头，建立了加拿大吉博克种猪公司中国育种基地。目前存养基础母猪900头，每年可向社会提供具有优秀种猪基因、产仔数多、抗病力强、生长速度快的原种猪，二元母猪育肥猪及优质精液。该公司采取的具体节水措施和成效如下。

1. 采取的节水措施及成效

（1）优化生产过程节水。饲养生产环节严格实施节水措施，使用饮水碗或饮水槽，减少饮用水的浪费。减少水冲栏舍频率，合理控制用水量，尽最大努力降低污水排放量。

（2）采用干清粪工艺。猪舍内实行机械干清粪模式，每天清扫后用车送到固定堆粪场发酵。机械清粪用水量较水冲粪减少50%左右，降低粪污收集污水产生量。

（3）净污道分开。铺设雨水、污水管道，实行雨污分流。为减少猪场污水量，将污水集中排放入污水池，将污水雨水严格分流，污水沟加盖，雨水沟走明沟。

雨污分离设施

(4) 干湿分离处理。做好干湿分离措施,将少量污水和尿液带走的猪粪,通过干湿分离机分离出来后干粪送到堆粪场,污水流入污水沉淀池进行处理。

(5) 科学收集粪污。建设有黑膜沼气池4处,可容纳养殖粪污75 000 m^3,既可以减少猪粪尿中的有害物质,达到养殖场降污的目的,又大大减少了污水及其他有害杂质,减轻土地承载压力。

粪污存储池

2. 注意事项

做好安全防护,黑膜沼气池具有发酵容量大、处理成本低、维护方便等特点,但是污水经过长期厌氧发酵后产生大量沼气,需要做好沼气使用安全防护。

二、育肥猪场节水措施

(一)山东曹县牧原农牧有限公司

山东曹县牧原农牧有限公司成立于2012年12月,为省级龙头企业,省级、国家级标准化示范场,市级生态循环农业示范点,山东省畜牧养殖智能化应用基地,2020年通过全国首例"无非洲猪瘟疫病小区"。公司以"减量化生产、无害化处理、资源化利用、生态化循环"为原则,持续创新环保技术,提升减量化生产技术,将节水从"源头控制、粪水资源化利用"至"粪水净化应用模式"不断提升。目前采用智能饲喂系统实现了依据猪的生理需求精准供水、高效节水。

1. 采用的节水措施

主要包括圈舍节水、饮水节水、刷圈消毒、喷淋降温、除臭灭菌、沼液还田等措施。

(1)优化圈舍设计节水。猪舍采用全漏缝地板,饲养过程中产生的粪便可直接落入网底,过程零冲洗,节省冲洗清理用水。

干清粪漏缝地板

（2）猪只饮水节水。圈舍、栏位安装有虹吸盘，设置饮水器、触碰杆等，精准高效提供饮水，能满足猪群自行饮水的需要，饮水近乎零浪费。

 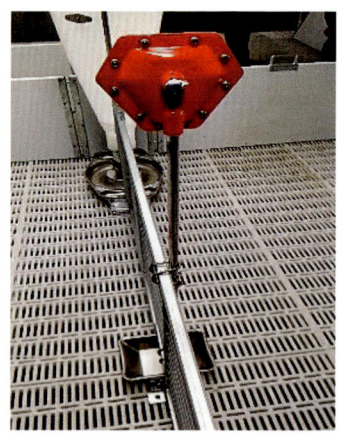

限位饮水器

（3）圈舍消毒冲洗节水。采用热水高压全场清洗系统，代替传统冷水冲洗方式，高压热水能加速粪污分解，提升冲洗刷圈效率，降低人工及用水成本。

猪舍高压冲洗系统

（4）喷淋降温节水。采用喷淋法调控温度环境，达到设定温度喷淋自动开启5 s，通过智能环控措施减少人工操作及喷淋长流水现象，降低人工成本、用水成本，保证猪群健康。

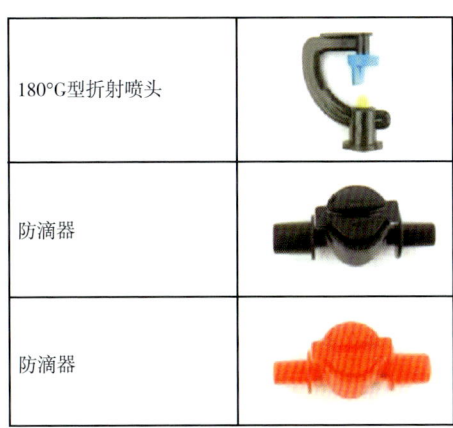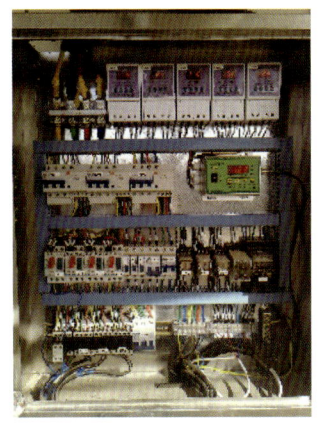

喷淋降温设施及电控阀门

（5）除臭灭菌节水。采取水帘循环方式过滤、吸附除臭，除臭墙上安装有挡水板，可以规避除臭墙运行时水溅到"U"形水槽以外产生水源损耗，收集到的水可再循环利用。

水帘除臭墙

（6）资源化利用节水。沼液采用密闭管道泵送至农田，沼液运送过程中不会流失，农田内安装有消防栓，可直接连接喷管带，降低沼液流失浪费，最大化地浇灌农田，既能减少农户自行灌溉用水，又能达到增产增收。

沼液还田浇灌管道

2. 节水成效

采取以上节水措施,每出栏一头猪可节省2 800 L水,2021年山东曹县牧原农牧有限公司生猪出栏68万头,养殖节水190.4万t。公司2021年为周边农户沼液还田260万t,节省农户灌溉用水260万t。

3. 注意事项

(1)猪群自动饮水设备需安装牢固,避免被拱坏。

(2)高压冲洗,压力大,使用时规范操作,注意人身安全。

(3)降温喷头需根据猪群日龄选择对应喷头,喷水量既能满足降温效果,又可保证猪群健康。

(4)除臭运营时需巡检除臭墙自动运营情况,"U"形水槽内浮球开关是否堵塞。

(5)还田工作时,检查喷管带连接情况和喷水情况,避免灌溉农田时产生积水。

（二）菏泽新好农牧有限公司

菏泽新好农牧有限公司于2018年3月登记成立，总投资1.68亿元，2019年10月正式开工建设，公司占地面积970亩，是新希望六和股份有限公司控股子公司，位于菏泽市定陶区马集镇田庄村南600 m（原梁堂社区），养殖规模4.8万头育肥猪，年出栏商品猪10万头。公司采用湿帘、高压冲洗设备、漏粪板、污水处理、好氧堆肥等方式，有效节约用水。该公司采取的具体节水措施和成效如下。

1. 节水措施

（1）做好猪只饮水管理。每个栋舍都安装水表，监测、控制猪只饮水量，做好饮水管理。

（2）湿帘余水循环利用。每个栋舍安装湿帘，水帘余水全部通过下水道流回储水池进行循环利用。

降温水帘　　　　　　　　　　高压冲洗设备

（3）采用高压脉冲式冲洗。由传统直接冲洗模式升级为高压脉冲式冲洗，不但大幅提高了清洗效果，并且显著降低了清洗用水量。

（4）使用漏粪板工艺。公司猪舍全部采用漏粪板工艺进行建设，几乎不需要进行冲洗，可以显著减少水的消耗。

漏缝地板

（5）科学处理污水。废水来源主要是猪尿、部分猪粪和猪舍冲洗水，根据废水产生来源及污染物的分析，公司产生废水的水质特点是COD、BOD_5、NH_3-N、P、SS较高，是一种较高浓度的有机废水。由于BOD_5/COD>0.3，可达到0.4以上，属于易生物降解，该类废水可生化性好，采用生化处理方法能达到理想的处理效果。处理主工艺采用生物法为主，再辅以预处理，可达到良好的处理效果，整体工艺流程如下：格栅—暂存池—固液分离机—集水池—气浮机—中转池—UASR反应器—一级A/O—一级生化沉淀池—二级A/O—二沉池—加药反应池—物化沉淀池—消毒池—清水池。

污水收集池　　　　　　　　　　沉淀池

（6）发酵床堆肥。公司利用微生物将养殖粪污分解和消化。微生物与锯木屑、谷壳或秸秆等按一定比例混合，进行高温发酵后作为有机物垫料制成发酵床，猪粪尿排放在发酵床上，经过垫料微生物及时分解和消化，实现粪尿和污水的零排放。

猪粪处理车间

2. 节水成效

通过安装水表，加强饮水管理，减少了"跑冒滴漏"；采用高压脉冲式冲洗，每条场线每次冲洗可节约用水60%左右；采用漏缝地板设计，在冲栏方面减少大约70%的水量，每头猪平均每天节水1 L，公司全年预计节水1.2万t；污水处理方面，处理后的清水用于大田灌溉，年节约灌溉用水6万t；采用发酵床堆肥，比起传统处理方式节约70%用水量，年节水量约3万t。

3. 注意事项

（1）用电安全。设施设备较多，使用时注意检查电路；部分设备有防水要求，按照规定配备相应的防水插座，防水线路；对线路、设备定期巡查，做好使用记录。

（2）人身安全。在设施设备使用过程中按照要求配备相应的防护设备。

（3）环保安全。生产生活产生的污水通过管道传输至污水站，通过污水站设施设备处理，检测合格后，方可进行排放。

三、母猪+育肥猪一体化猪场节水措施

（一）温氏股份山东养猪公司

温氏股份山东养猪公司2016年3月落户山东，是温氏股份养猪事业部下属一体化区域养猪公司，先后在宁阳、莱芜、冠县、莘县、茌平、新泰、邹城、泗水等地成立了8家一体化养猪公司，满负荷生产后可实现年上市商品肉猪410万头，发展合作家庭农场3 500多户。公司坚持"公司+家庭农场"模式，遵循"高效、优质、生态、绿色"的发展理念，力争建成一家在省内乃至国内有重要影响力的生猪养殖公司，促进当地农业产业结构升级，带领广大合作家庭农场主增收致富，带动周边物流、贸易、建筑、餐饮服务等相关产业的发展。该公司采取的具体节水措施和成效如下。

1. 节水措施

（1）采用新型限位式饮水器。猪用限位式饮水器主要包括不锈钢管、饮水碗和控制阀。不锈钢管为201型号或304型号，不同型号的出水量快慢不同，根据猪群日龄大小选择不同的不锈钢管。饮水碗为不锈钢材质，抗摔、抗挤压、耐腐蚀、使用寿命长，表面光洁无毛刺，猪只饮水时不会划伤嘴。根据猪群的饮水需求，调整好下水管的位置，打开开关，控制阀即可根据空气动力学原理自动控制水位，保持水槽内的水位永远都在一条线上。该装备的特点是利用大气压和水压，直接供水，无需电力等其他动力；可根据需要任意

调节、自动控制水槽内的水位高度；安装时直接连于自来水管上，方便快捷；水槽内无水溢出，保持了栏舍干燥；主要部件采用特制材料。

限位饮水器

（2）怀孕猪群节水措施。早上喂完料，扫完料槽边后就开始放水，用扫把扫水给母猪喝，如有母猪躺下的要赶起来喝水，确保每头母猪都能喝到水，喝完水后清扫好料槽，不放水。在上午下班前15 min进行统一放少量水（料槽的1/3满），在放水的同时进行刮猪粪并打堆。

下午一上班，马上放水给母猪喝，边放水边刮猪粪，水每次均放到1/3处满即可关闭水源，直到喂猪时也不再放水给猪喝。下午喂猪时按照上午喂猪的方式方法进行操作，未吃完不可以放水（未吃完的饲料可以刮到栏内），要让母猪有充足的时间喝水，清洗完料槽后，料槽放1/3水下班即可，晚上不再给母猪放水。

2. 节水成效

（1）改进饮水器节水成效。采用限位式饮水器，比鸭嘴式饮水器减少1/3的用水量，养殖过程节水减排效果明显。未安装该装备之前，猪场使用鸭嘴式饮水系统，一头45 kg重的猪每天多用7 m³水，一个5 000头规模的猪场每天多用35 t水。安装该装备之后，按照每吨水2元的价格测算，每年可节约水费2.5万元；此外，污水处理成本每吨8元，每年可节约成本10万元。

（2）怀孕猪群节水成效。按每条料槽放1/2水计算，每条料槽可放0.5 m³水，每天放两次料槽水，即每条料槽1 m³水，全场有5条线共有30条料槽，即每天可节约30×1 m³=30 m³。每个月可节约30×30 m³=900 m³水。按实施三个季度来算，一年可节约900 m³×9=8 100 m³水。意味着污水系统可以少处理和排放污水8.1 t，降低了猪场污水处理的成本。目前该措施已经在整个分公司推广使用，每年可以节约用水60 t以上，减少至少70 t污水和粪渣的处理成本。

此外，通过采取此措施，使母猪养成定时定点排粪排尿的习惯，极大地减轻了怀孕舍饲养员及晚上夜班人员的工作量，提高了工作效率。同时，通过节水可以较大程度地减少怀孕舍的湿度，特别是阴冷的冬春季节，猪舍可以保持比较干爽的环境，减少怀孕母猪因环境原因引起的损耗。

3. 注意事项

（1）在操作的前几天，每天要进行一餐的抗应激工作。

（2）每次放水不能放得过多，进行定时定量供水。

（3）每次均须保证每头母猪喝到水，否则易致不良后果。

（4）主要用于秋、冬、春三个季节，炎热夏天怀孕舍要保证有良好的喷雾降温系统才可以实施。

（二）五莲新好农牧有限公司

五莲新好农牧有限公司董家营猪场位于五莲县中至镇董家营村，为新希望六和下属独资企业，猪场于2020年11月建成，该场设计规模为5 600头母猪+60 000头育肥猪一条龙生产模式。猪场节水主要通过设备改进升级来实现，主要包含饮水设备以及清洗设备的升级。该公司采取的具体节水措施和成效如下。

1. 节水措施

（1）采用饮水碗。主要应用于产房母猪饮水以及育肥大栏饮水（1个饮水碗可供15~20头育肥猪饮水）。饮水碗根据猪只大小，饮水碗的安装高度不同，哺乳仔猪在15~25 cm，保育猪25~30 cm，生长育肥猪50~60 cm，妊娠母猪、哺乳母猪、公猪在75~85 cm，且安装的育肥舍饮水碗位于猪舍中间位置，每个栏位安装3个高低不同的饮水碗。注意：不要安装在栏舍的角落，因为猪喜欢在栏舍角落排便，如果饮水器也安装在此，将加快粪便的腐败。

喝不完的水在碗中储存

水直接滴落造成浪费

实际场内照片

（2）采用限位器。限位器即水位控制器，该种饮水装置主要用于母猪配种舍以及妊娠舍。主要是根据空气动力学原理自动控制水位，可通过自动调节进行控制，在水位低于出水口时，系统会自动进行补水，水位高于出水口时就会停止供水，从而让水位始终保持在一定的水位上，避免造成猪群污水的增加，大大缓解传统饮水器在养殖过程中造成的水浪费。

（3）采用高压清洗设备。设备基本工作原理为集中式智能高压清洗系统的控制部分自动为管路提供恒定的压力和流量（通过压力检测系统检测到的压力反馈到中央控制系统PLC，系统对现况进行判定，从而进行加泵、减泵和调整频率）。水泵中心和化学制剂中心通常被安置在一个合适的位置，以方便安全检查及维护。高压管路将贯通整个猪场。高压水通过高压管路输送到各站点，可供多个站点同时使用。每一个站点包括高压自锁接头、高压球阀、高压水枪和各式喷头，用户插入自锁接头打开球阀开关即可开始清洗消毒作业。

2. 节水效果

（1）饮水碗优势与节水效果。饮水碗与饮水器对比：相比于饮水器，饮水碗水位明显，猪能明显看到水，一次喝个够；相关试验证明，使用饮水碗能节约用水30%以上，并且避免水直接流到地上导致猪舍潮湿，降低了污水排放和污水处理压力；同时，可以有效避免饮水器划伤猪的嘴部，在饮水中添药时也更加方便，可以在一定程度上节约用药成本。

（2）限位器优势与节水效果。对比传统饮水设施，主要优势：一是饮水自由，更适用于限位栏母猪自动饮水，保证充足饮水、随时随地水源充足；二是减少安全威胁，水位器主阀采用尼龙注塑，装置天然橡胶垫，结实耐用，避免给猪群造成划伤，增加感染风险；三是节约用水，该装置仅需要连接到水源即可，可根据气压和水压自动控制水槽水位，减少水源浪费，降低猪场污水排量，实践数据证明，可节约用水30%以上。

（3）高压清洗设备优势。该设备对比传统清洗装置的优势：一是移动方便便捷，该设备采用集中式清洗机通过管路输送水源，日常使用仅需移动清洗管线即可；二是清洗更干净快捷，该机器可于300 m³，造成严重的水资源浪费和环境的污染。该农场采用全封闭立体养殖模式，粪便的清理采用全自动粪带清粪系统，无须额外添加任何清水，空栏期的棚舍冲洗雇用专业的棚舍清洗人员，采用高压清洗机，每栋用水量降至80 m³，每栋每批节约用水220 m³，全年养殖7批次，68栋棚舍可节约用水10.47万 m³，每只肉鸭节水10.68 m³。

自动清粪应用场景

3. 水帘降温节水

该农场配置自主研发的"大师"环控器，水帘上水做到精确控制，且用水全部循环使用，在实现鸭舍精准控温的同时，有效地减少水的浪费。

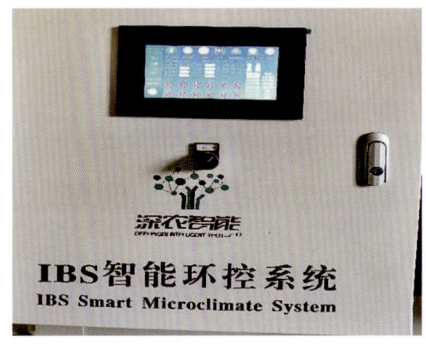

环境控制系统

根据需要出冷热水，且可根据需求调整热水温度，另外还可作为消毒机使用；三是节约用水，枪杆连接主机自动化，手握枪杆时可出水，如手松开枪杆超过1 min机器即停止出水，需再次启动机器；另配备螺旋枪头，出水量低于普通枪头20%。

3. 注意事项

（1）饮水碗安装应用注意事项。理想的安装位置应靠近料槽。同一栏舍内两个饮水器的位置不能相距太远。如果太远，将导致其中一个饮水器长期处于停用状态，卫生状况较差，将对猪群健康构成威胁。型号大小：该饮水碗分别有小号、中号、大号、特大号四种，价格不等，是根据猪的饮水习性设计，购买时一定要根据猪只大小来确定购买型号。

（2）限位器安装应用注意事项。一是密封要严，不能影响其内部负压的形成。二是水要干净不能有杂质，杂质有可能会堵住控制器内部的出水口。三是可根据需要任意调节水位高度。四是水压要合适，目前市面上主流的水位控制器，工作水压的范围在2~5个水压。五是安装时只需直接安装自来水，无需用电，根据大气压和水压原理自动控制水槽水位。

（3）高压清洗设备应用注意事项。设备使用前应确认供电电源为380 V/50 Hz，结束作业后按照操作要求恢复设备的就绪状态。如果进水压力大于0.6 MPa，须在进水口安装减压阀；进水压力低于0.15 MPa时，应在进水端加装增压泵。管道安装建议使用PPR管、波纹管或UPVC管，避免使用铝塑管。勿让儿童接触或玩耍该设备，不小心碰到操作键可能导致程序发生变化。

第五部分

牛养殖节水措施

一、奶牛养殖节水措施

（一）青岛博宇牧业有限公司

青岛博宇牧业有限公司成立于2005年，位于山东奶牛养殖大市青岛莱西市，是一家集奶牛养殖、鲜奶生产、饲料加工销售于一体化的集团化公司。目前公司拥有奶牛养殖场5家，存栏高产荷斯坦奶牛11 000头，平均年单产超11 t。企业先后被评为青岛市文明单位、青岛市奶牛养殖业龙头企业、青岛市农业促进理事单位，其中三个泌乳牛养殖场先后获得中国良好农业认证、国家级奶牛养殖示范场、国际SQF食品质量与安全认证。该公司采取的具体节水措施和成效如下。

1. 采用的节水措施

（1）夏季喷淋降温。改过去牛舍夏季喷淋系统持续喷淋为间歇式喷淋，即喷淋1 min，停机5 min，则每年减少喷淋水用量55万t。

（2）冲洗圈舍。原来每天清粪2次，每次每头牛大约1 L，6 000头，每天6 t，年消耗水36 000 t，自2021年夏季始，水冲粪改为干清粪，用水量减少36 000 t。

（3）挤奶厅清洗。过去奶厅清洗乳房，冲洗牛蹄，冲刷地面，待挤厅喷淋、清洗，每天用水10 t，5个挤奶厅，年消耗清洗水18 000 t。自2021年起，奶牛采用稻壳作为卧床垫料，奶牛乳房、牛蹄清洗环节免除，冲刷地面采用高压水枪，用水量每天减为5 t，年可节约清洗用水9 000 t。

（4）饮水采用自动上水水槽。之前奶牛饮用长流水，冬季水不结冰，夏季水温低于气温，满足奶牛饮水量，水被大量浪费，进入污水池。近几年水槽增加限位器，水槽进行保温处理，避免了饮水外溢和浪费，每年可节约用水30%，估计10 000万头奶牛可节水10多万t。

奶牛圈舍

转盘式挤奶厅

粪污发酵车间

卧床稻壳垫料

自动控温限位饮水槽

刮板自动干清粪

夏季间歇式喷淋降温装置

2. 节水成效

通过各项节水改进措施，在保证原有生产正常进行的前提下，平均每头奶牛可节约用水约6.5 t，每年可节约用水约70万t。

3. 注意事项

定期检查供水管道、饮水槽、喷淋管线，保证设备正常运转，防止跑、冒、滴、漏、冻的发生。

（二）青岛浩德瑞牧业有限公司

青岛浩德瑞牧业有限公司成立于2015年，位于青岛胶州市洋河镇秦家庄村，现建有现代化奶牛舍13栋，存栏中国荷斯坦奶牛1 200头，年产优质原奶7 300多t，本着生态化、集约化、智能化的理念，建成了高标准、现代化智慧奶牛养殖基地。该公司被评为"青岛市畜禽养殖标准化示范场"，获"伊利乳业5A牧场"等荣誉称号。该公司采取的具体节水措施和成效如下。

1. 采用的节水措施

（1）自控式奶牛饮用水槽，根据奶牛饮水需要量自动控制水槽水位，在保证奶牛充足饮水的同时，能够减少水的浪费；同时在清洗饮水槽时，控制水位在最低时进行，避免浪费水。

（2）夏季防暑降温，当牛舍内温度达到22℃时，喷淋设备自动开启，将原来每间隔5 min喷淋时长1 min，调整为一天五次集中喷淋，每次半小时，每天可以节约用水100多t。

（3）粪污通过固液分离后，液体经三级沉淀、厌氧发酵、有氧发酵等方法处理后即为中水，利用中水冲洗挤奶厅地面，回流水进入粪沟将奶牛粪便冲入集粪池，再次进行固液分离。如此循环利用水资源，能够将水的利用率达到最大化，每天可节约用水约12 t。

奶牛粪便智能发酵一体机

三级沉淀池

2. 节水成效

在采取了定时自动控水供水、循环利用等方式后每年大约可节约用水15 000多t，节省水费6万余元，在保证正常生产用水的同时有效地节约水资源。

3. 注意事项

定期检查供水管道、牛舍水槽，及时修补更换，防止跑、冒、滴、漏。

（三）泰安金兰奶牛养殖有限公司

泰安金兰奶牛养殖有限公司创建于2003年，存栏奶牛1 800头，年加工有机肥1万t，种植饲草和果蔬5 000亩，集牧草种植、奶牛养殖、乳品加工、休闲观光、有机肥生产于一体的农业产业化重点龙头企业。企业已获得全国奶牛养殖标准化示范场、全国休闲观光牧场、全国抗菌药减量化达标养殖场、全国DHI测定先进奶牛场等称号，是泰安市母亲素质提升工程实践基地、中小学生教育实践基地、岱岳区巾帼就业创业示范基地、岱岳区家庭劳动教育实践基地。2022年，获评山东巾帼现代农业科技示范基地、泰安市巾帼现代农业科技示范基地。该公司采取的具体节水措施和成效如下。

1. 采取的节水措施

（1）饮水槽清洗水再回收利用。传统的奶牛养殖棚饮水槽设计，位置是在养殖棚圈舍内部，方便奶牛饮用，但是存在较大设计缺陷。为减少细菌的滋生，饮水槽每两天要清洗一次，每次清洗都会产生一定的清洗废水，前期清洗废水都是直接排放到牛圈内，和牛粪混合到一起，流入养殖棚粪污通道，增加了污水处理量。现在我们把饮水槽改建到养殖棚栏杆外侧，并且在饮水槽下部增加了清洗水集水池，每次洗刷饮水槽废水全部收集起来，用于养殖棚隔离带的绿化苗木浇灌，达到节水目的，同时降低了公司污水处理总量。

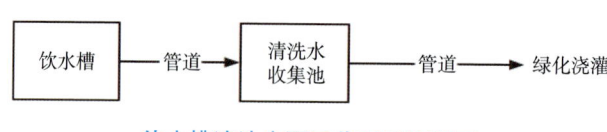

饮水槽清洗水再回收利用流程图

第五部分　牛养殖节水措施

自动饮水槽场景图

（2）刮粪板回水循环利用。奶牛养殖棚采用刮粪板技术自动清粪，粪污被清理到养殖棚收集池后，经过地下管线流到粪污沉淀池，采用物联网技术，自动感应沉淀池水冲刷地下管网，回用到牛棚粪污管道，减少了清水使用量，达到节水目的。

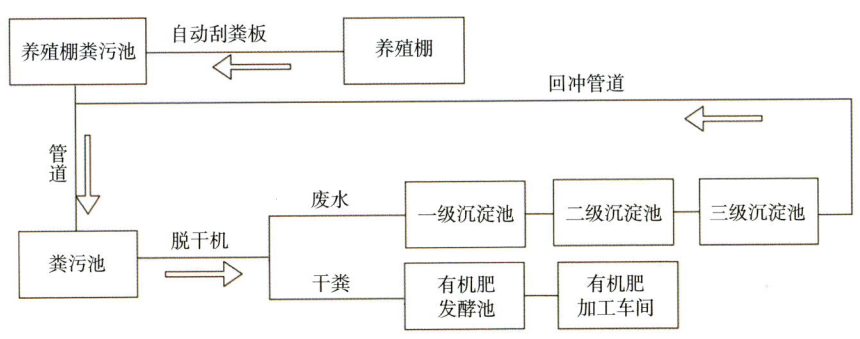

刮粪板回水再循环利用技术流程图

刮粪板+中水回冲场景图

· 79 ·

（3）孕牛棚发酵卧床技术。奶牛理想的躺卧场所是草地环境，柔软舒适的草地可使奶牛得到充分的保护和放松，因而奶牛的卧床设计也应尽可能地模拟自然环境，着力打造奶牛"席梦思"。对孕产期奶牛养殖采用发酵卧床技术，与传统养殖方法相比较，发酵床技术能显著降低养殖粪污的排放量，减轻牛舍污染，降低后处理难度，减少奶牛乳房炎的发生，对提高产奶量有着重要意义。因为无需冲刷，只需要每天机械翻耕，节约人工50%，节约用水85%以上，也起到节水养殖的目的。该技术还可以降低氨气、硫化氢养殖臭气的排放量，改善养殖场环境，是一项节能环保的养殖技术。

发酵卧床场景图

（4）喷淋与温控自动化。夏季为了给奶牛降温，养殖棚都配备了喷淋系统。最初的设计是养殖棚挂上温度计，温度高时就给牛棚启动喷淋，经常出现喷头下没有牛，但是喷淋不能单独控制开关，造成浪费。现在我们采用智能识别系统，将每个喷淋头加装安全电压电磁阀（默认关闭），通过感应系统感知对应喷淋头下有无奶牛，如果有奶牛在喷淋位置采食或者休息，且周边环境温度高于设定温度，则电子阀变为打开状态，可以正常通水，按照设置参数对奶牛降温。这种模式实现了养殖棚喷淋降温的精准管理,达到了节水降耗的目的。

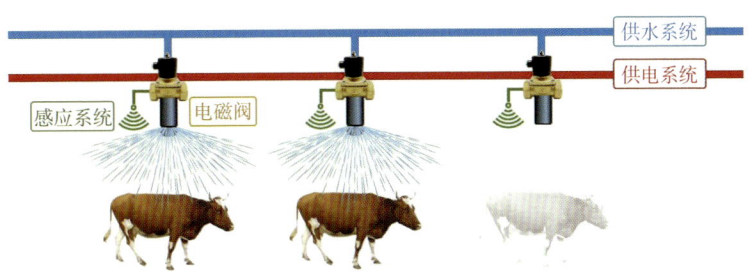

精准喷淋降温技术效果图

(5)节水考核激励制度。奶牛养殖场产生废水最大的环节就是挤奶站,为节约用水,公司对挤奶站增加了用水量考核指标,设立了奖励激励措施,在保证鲜奶质量的前提下,尽最大限度节约用水。同时增加管控措施,为所有冲洗水管增加末端控制阀门,把节水管理做到精细化。

2. 节水成效

(1)经济效益。每个饮水槽容积 2.2 m × 0.4 m × 0.4 m = 0.352 m^3,每次清洗的时候需要放掉水槽内全部清水,另外需要约15%容积的水量 0.052 8 m^3 刷洗,每两天清洗一次,全年可以节约 73.673 6 m^3,公司有64个饮水槽,共计节水 471 5 m^3。

刮粪板管道冲洗每两天一次,每次大约需要用水 30 m^3,通过中水回用,全年可节约用水 5 460 m^3。精准喷淋节水效率45%,每天可节水 20 m^3,按照全年使用量150天计算,可节约用水 3 000 m^3。挤奶站现在每天用水量 13 m^3,实行节水奖补前每天用水量 20 m^3,减少使用 7 m^3,全年可节约 2 555 m^3。

通过各项技术措施和管理制度,牧场每年可节约用水 15 730 m^3,按照每立方米水价3.85元计算,每年可节省资金6万元,同时减少污水处理费用6万多元，效益明显。

（2）社会效益。泰安金兰奶牛养殖有限公司作为国家级养殖标准化示范场，通过各类参观、培训、科普等方式，带动了众多的养殖场都纷纷加入节约用水行动中来，促进了国民经济和社会发展，有利于社会稳定。

（3）生态效益。各种节水措施，不仅降低了牧场的清水用量，同时减少了污水处理量，缓解了牧场发展与生态保护之间的矛盾，保证水资源可持续利用。

3. 注意事项

做好夏季喷淋降温设施设备的定期检修和维护，保持其良好的作业运行状态。发酵床要做好垫料的管理、维护，定期翻动垫料，及时补充垫料，控制好垫料含水量。

二、肉牛养殖节水措施

临沂盛隆畜牧养殖有限公司

临沂盛隆畜牧养殖有限公司于2020年3月17日成立，位于临沂市河东区郑旺镇贾宅村西。现有肉牛品种西门塔尔牛、夏洛来牛、利木赞牛、海福特牛、皮埃蒙特牛、比利时蓝牛、安格斯牛等优良品种。设计存栏量1万头，主要建设牛舍20座、青贮池、干草棚、办公用房及附属配套设施，可以实现每年出栏肉牛6 000头的养殖规模。建设标准化牛舍、发酵床、雨污分离、干粪发酵及繁育技术推广服务平台，并配有相应的设施设备，主要生产设备为饲料混合流水线4条，电控系统1套，通风系统1套、供电系统1套等。该公司采取的具体节水措施和成效如下。

第五部分　牛养殖节水措施

牛场俯瞰图

1. 采用的节水措施

（1）采用饮水槽节水。之前肉牛饮水采用传统饮水槽，其缺点：饮水开放式，易洒水，浪费水资源，容易造成环境污染，需要每天清洗牛槽，浪费人力。为进一步降低用水量，减少养殖污染，在2021年公司对棚内肉牛饮水进行升级改造，将之前的饮水改为全自动供水系统。每头每天的平均饮水量为25 kg，水料比夏季为3∶1，冬季为2∶1。农场采用卧式饮水槽，自动蓄水，减少饮水器渗漏、溢水和畜禽玩水、饮水时嘴角漏水造成的水资源浪费，有效减少水浪费，能根据牛群日龄调节出水量，每天每头牛的平均用水量由30 kg降至25 kg，水料比降至2.8∶1，每头

饮水槽

牛可节约用水5 kg（全年饲养周期12个月），全年出栏3 000头，可节约15 000 m³。

（2）升级清粪工艺节水。传统肉牛养殖采用地面平养，空栏期间粪便的清理往往靠水冲洗，每次牛棚冲洗用水不低于1 000 m³，造成严重的水资源浪费和环境污染。该农场改水冲粪和水泡粪工艺为干清粪工艺，及时、有效地清除畜舍内的粪便、尿液，保持畜舍环境卫生，减少粪污清理过程中的用水，保持固体粪便的营养物，提高有机肥肥效，降低后续粪尿处理的成本。配备压力大、需水量少的高压水枪用于冲洗栏舍和牛群的转栏消毒，在提高冲洗效果的同时，将用水量降到最低。每栋每批节约用水量500 m³，全年养殖1批次，12栋棚舍可节约用水51.47 m³，每头牛节水12.58 m³。

（3）喷淋降温节水。该农场配置了自动喷淋系统，喷淋上能做到自动控制，并且水全部循环利用，在实现牛棚精准控温的同时，有效地减少水的浪费。

喷淋降温

（4）发酵床养殖。因地制宜推广发酵床养殖，采用导液式自动刮粪板技术。

发酵床

（5）中水回用。对于养殖废水实行生态消纳处理，全面落实畜牧对接生态消纳地和配套设施，实现就地或异地消纳利用。通过工业化达标处理，中水用于栏舍冲洗、场内绿化等回用，提高水资源利用效率。

污水处理站

（6）精细化管理节水。在日常生产管理中关注细节，减少"跑、冒、滴、漏"现象的发生：一是关注细节，在饲养过程中通过生产数据分析牛群的饮水量是否合理，超出正常水量范围的，及时分析原因，减少饮水问题造成的资源浪费；二是对场区内的供水管道实施定期维护保养，避免水资源因牛粪污染造成浪费。

2. 节水成效

采用干清粪工艺最高允许排水量为冬季1.2 m³/（百头·d），夏季1.8 m³/（百头·d）。畜禽粪便处理利用率达到78%以上，污水处理利用率达到50%以上；规模养殖场粪污处理设施装备配套率达到75%以上；粪污处理利用模式基本建立。

3. 注意事项

在规模化养殖模式之下，做好肉牛饮水的针对性管理，要加强对养殖场肉牛的饮水科学供给，要保证水源的清洁健康，根据肉牛的生长发育情况确定最佳的饮用水供给量，在养殖场区当中设立完善的供水装置，保证有充足的饮水器，注重做好水质的调节和卫生消毒工作。

第六部分

问题与建议

一、存在的问题

1. 从业者节水意识有待加强

水是一种非常重要的战略性资源,但由于用水成本较低,养殖从业者整体对水的资源性、价值性认识不足,远不像对饲料、兽药反应敏感,比如,市政自来水,水费4~5元/m³(即4~5元/t),多数畜禽养殖场用水为自备井,用水费用主要是抽取地下水和净化处理费用,水本身的成本很低,但现在1 t饲料的价格动辄三四千元,价格差距太大,导致很多从业者忽视水浪费的经济成本,也缺乏采取节水控水措施的动力。

2. 改造升级用水工艺投入较高

养殖节水作为一项系统工程,关系到养殖场结构布局、棚舍建筑设计、设施配建等多个环节,通常养殖场一旦建成投产,基础设施建设则相对固定,如果要改造升级用水工艺,存在牵一发而动全身的问题,可能涉及畜禽舍结构布局调整、设施设备购置等,改造工程量大、资金投入大,同时由于用水成本低、水的浪费对从业者经济效益影响不明显,从投入回报看,从业者改造升级节水工艺的意愿不强。

3. 不同企业节水差异较大

现代规模化集约化养殖企业,基础设施建设好、设施设备先进,普遍采用节水的养殖技术工艺,水资源节约集约利用整体状况好,反之,许多粗放型养殖生产的场(户),由于设施设备落户,管理落后,水的有效利用率低,养殖出栏单位畜禽耗水偏高。比如,现代化大型鸭场,普遍采用多层立体养殖模式、乳头饮水、传送带清粪,相比采用网上养殖、刮粪板清粪、水槽饮水的养鸭户用水效率明显高。

4. 不同的畜种节水情况差异较大

蛋鸡、肉鸡养殖规模化程度高，且普遍采用笼养、干清粪、乳头饮水等工艺，整体节水较好。生猪养殖规模化相对养鸡要低，且粗放型用水的小户占比较高，节水状况整体不如养鸡。养鸭规模化程度较低，小户占比较高且用水粗放，同时鸭子有玩水、戏水的习惯，养鸭节水状况明显不如养鸡。对于牛场，由于奶牛养殖工艺技术相对肉牛养殖成熟，且基本为规模化集约养殖，整体节水效果更好。

二、措施与建议

1. 强化节水理念

理念是行动的先导，基于当前养殖从业者节水理念缺乏、节水意识不足的现实，要通过专题活动、技术培训、融媒体等途径大力宣传推广畜禽节水生产理念，提高广大畜牧从业者对水的资源性认识，增强节水生产意识，在全行业大力倡导节水、控水行动。

2. 强化政策引导

要从政策创设、制定和执行上引导从业者节水生产。比如，政府部门可以出台节水生产的奖励或补助政策，引导从业者主动采用节水生产技术工艺；在畜禽养殖设施配建、财政支持的养殖基建项目，以及标准化示范场创建等工作的检查、验收、评价中，把节水设施设备配置、节水效果作为一个重要的赋分项来打分评价，倒逼从业者提升水集约高效利用水平。

3. 强化技术推广

一是提高节水养殖技术供给，在科研立项上，将节水技术研发创新纳入其中，开展节水生产技术及装备的集成创新，增强节水生产技术储备。二是加强节水养殖技术推广，加强畜禽养殖节水技术培训，大力推广节水养殖技术工艺和模式，挖掘节水养殖典型和经验做法宣传推介，发挥典型示范引领作用。

4. 强化考核管理

养殖企业除采用节水技术工艺外，要制定完善的节水管理措施，将节水纳入公司员工绩效考核，使节水成效与员工经济收益挂钩，调动员工节水的积极性、主动性，这样才能使节水技术工艺的作用和效果真正发挥出来。例如，由于挤奶站是奶牛场产生废水的一个重要环节，为节约用水，泰安金兰奶牛养殖有限公司对挤奶站增加了用水量考核指标，执行奖励激励措施，节水成效较为明显。